浙江清凉峰
昆虫图鉴300种

● 王义平　主编

碧凤蝶

中国农业科学技术出版社

图书在版编目（CIP）数据

浙江清凉峰昆虫图鉴300种 / 王义平主编 . -- 北京：
中国农业科学技术出版社，2021.11
ISBN 978-7-5116-5501-1

Ⅰ . ①浙… Ⅱ . ①王… Ⅲ . ①昆虫－浙江－图集
Ⅳ . ① Q968.255-64

中国版本图书馆 CIP 数据核字（2021）第 194651 号

责任编辑　张志花
责任校对　李向荣
责任印制　姜义伟　王思文

出 版 者　中国农业科学技术出版社
　　　　　北京市中关村南大街 12 号　邮编：100081
电　　话　（010）82106636（编辑室）　（010）82109702（发行部）
　　　　　（010）82109709（读者服务部）
传　　真　（010）82106631
网　　址　http://www.castp.cn
经 销 者　各地新华书店
印 刷 者　北京地大彩印有限公司
开　　本　170 mm×240 mm　16 开
印　　张　21.5
字　　数　275 千字
版　　次　2021 年 11 月第 1 版　2021 年 11 月第 1 次印刷
定　　价　128.00 元

《浙江清凉峰昆虫图鉴300种》
编 委 会

内容提要

　　本书是对浙江清凉峰国家级自然保护区观赏昆虫资源调查结果的总结，依据所采集标本并拍摄生态照的鉴定结果撰写而成，共记录昆虫纲昆虫15目105科303种，其中包括国家级保护昆虫6种，浙江省重点保护昆虫1种。

　　本书可供环境保护、动物保护、植物保护和森林保护工作者，保护区管理工作人员，以及自然教育工作者和高等院校师生参考。

前 言
PREFACE

  浙江清凉峰国家级自然保护区位于浙江省西北部的杭州市临安区境内，最高处海拔 1 787.3 m，系天目山山脉最高峰，也是浙西第一高峰，有"浙西屋脊"之称。保护区总面积 11 252 hm²，分别由龙塘山森林生态系统保护区域、千顷塘野生梅花鹿保护区域和顺溪坞珍稀濒危植物保护区域三部分组成，东西跨度 40 km，南北跨度 36 km。保护区内气候温暖湿润，水资源丰富，自然条件十分优越。1985 年经浙江省人民政府批准，以昌化林场为主体建立了龙塘山省级自然保护区；1998 年 8 月，经国务院批准晋升为国家级自然保护区。保护区建立以来，野生动植物都得到了很好的保护，呈现出生机勃勃的森林景观，是我国经济发达的长江三角洲地区保存完好的物种基因库，集中分布着我国一级重点保护野生动物——野生华南梅花鹿种群。特别是近年来，杭州市临安区启动天然林保护工程，实施植树造林、五水共治等一系列措施，使区域生态环境得到进一步改善，尤其是天目溪和昌化溪等湿地生态环境进一步优化，珍稀野生动物种类不断增多，种群数量明显增加，分布范围也在不断扩大。

  2015 年以来，浙江清凉峰国家级自然保护区管理局立项，由浙江农林大学组织相关学者对清凉峰国家级自然保护区观赏昆虫资源开展全面普查，并对相关历史记载进行翔实考证，明确了清凉峰境内珍稀野生昆虫的种类及分布情况，为清凉峰国家级自然保护区野生昆虫管理、保护和利用、科普及教学与研究等奠定了基础。

在2008—2013年，对清凉峰国家级自然保护区开展了多次昆虫资源调查，调查到区内共有昆虫资源2 567种，并于2014年出版了专著《浙江清凉峰昆虫》。近年来，随着全球气候变暖、极端自然气候和人类活动干扰等因素影响，生物种类、分布、危害发生了很大变化，作为生物多样性的主体——昆虫，其多样性资源正在遭受严重威胁，因此，加强昆虫资源多样性保护与持续利用的科学研究极为必要而迫切。此外，由于前期调查条件有限，所出版的专著仅以名录的形式体现，为了让大众更好地了解保护区，加强生物多样性保护的意识，因此，对保护区内野生珍稀昆虫物种资源展开调查并编制昆虫物种图鉴，以期为保护区的有效保护与开发利用提供基础。

本书收录的清凉峰国家级自然保护区野生昆虫303种，其中7种分别列入《国家重点保护野生动物名录》和《浙江省重点保护野生动物名录》。全书分三章。第一章为清凉峰自然概况；第二章为清凉峰国家和省级重点保护昆虫；第三章为清凉峰昆虫各论，这部分昆虫参照郑乐怡、归鸿主编的《昆虫分类》（1999）对分布于清凉峰国家级自然保护区的303种珍稀野生昆虫进行系统描述，每种均包含中文名称、拉丁学名、形态特征、习性和分布范围，并配以彩色生态图片。本书不仅阐明了清凉峰珍稀野生昆虫的多样性，而且为本保护区珍稀野生昆虫的科学管理、合理利用与科普宣传等起到重要作用。

感谢杭州科技职业技术学院的楼信权老师、丽水学院的李泽建博士、上海植物生理与生态研究所的朱卫兵博士、重庆师范大学的于昕博士和台州学院的潘志祥博士帮助鉴定部分种类。

由于调研与编撰时间相对较短，且编者水平有限，书中难免有不足之处，期望同行专家和读者不吝批评指教！

编者

2021年7月

目　录
CONTENTS

第三章　清凉峰昆虫各论

十一、鞘翅目 Coleoptera ························· 106

第一章

清凉峰自然概况

浙江清凉峰国家级自然保护区（以下简称"浙江清凉峰"）是以华南梅花鹿、香果树、夏蜡梅等为主要保护对象的森林生态类型国家级自然保护区。浙江清凉峰的前身为1985年经浙江省人民政府批准建立的龙塘山省级自然保护区；1998年8月，经国务院批准晋升为国家级自然保护区。保护区建立以来，森林植被和野生动物得到了更好的保护，呈现出生机勃勃的森林景观。由于植被保护完好，加上优越的自然地理条件，保护区内生物资源十分丰富，是我国经济发达的长江三角洲地区保存完好的物种基因库。

第一节　保护区地理位置

浙江清凉峰位于浙江西北部的临安区境内，地理坐标为东经118°50′57″～119°13′23″，北纬30°00′42″～30°19′33″。保护区西面与安徽省绩溪、歙县二县的安徽清凉峰国家级自然保护区接壤；北面与安徽省宁国市毗邻；南部与浙江省淳安县交界；东面与浙江天目山国家级自然保护区遥遥相望。主峰清凉峰，海拔1787.4 m，系天目山山脉最高峰，为浙西第一高峰，有"浙西屋脊"之称。保护区总面积11 252 hm²，分别由龙塘山森林生态系统保护区域（4 482 hm²）、千顷塘野生梅花鹿保护区域（5 690 hm²）、顺溪坞珍稀濒危植物保护区域（1 080 hm²）三部分组成，东西跨度40 km，南北跨度36 km。

第二节　保护区自然概况

一、地质地貌

浙江清凉峰奇伟幻险，风姿绰约，是一座由地质作用的内外营力造化而成的奇山。保护区内以山、石、水、土和峰、崖、谷、溪的多样体现其丰富的地质结构。浙江清凉峰地处浙西北地区，在地质构造上属于杨子板块东南缘，与华夏古陆块相邻，主要为学川–白水塘复背斜和昌化–普陀大断裂。

浙江清凉峰位于白际山脉北段，区内山脉呈西南–东北走向，主体山脊线海拔变动在1 500～1 787 m，属中山地貌；东、南区为低山山体，山脊线海拔为 1 000 m 左右，为低山地貌。浙江清凉峰最高海拔点位于龙塘山保护区域的清凉峰 1 787.4 m，最低点海拔位于顺溪坞保护区域的双源桥（396 m）。龙塘山保护区域地形西高东低，西部为大片海拔大于 1 000 m 的陡峻山体，主峰清凉峰即位于该区的西南，东部则过渡为低山丘陵地带。千顷塘保护区域呈东西延伸长条形，主要由海拔 1 000 m 左右相对较平缓的山峰构成。顺溪坞区域位于龙塘山的东南方向，该区域地形南高北低，较高的山峰雨伞尖、大岭塔位于该区域南侧，东西两侧皆为分水岭，四周为山梁环绕，中间为下坞的谷地。

二、土　壤

根据浙江省森林土壤和分布，浙江清凉峰土壤类型划分为浙西北天目山乌龙山中山丘陵黄红壤棕黄壤区和浙西北天目山中山丘陵黄红壤棕黄壤亚区。根据 1983 年浙江省土壤分类系统，浙江清凉峰土壤共有 5 个土纲，7 个土类，12 个亚类，16 个土属（表 1-1）。

表 1-1　浙江清凉峰森林土壤的分类

土纲	土类	亚类	土属
富铝土	红壤	黄红壤	硅质黄红壤
			砂页岩黄红壤
			长石质黄红壤
		乌红壤	硅质乌红壤
			长石质乌红壤
		幼红壤	石质幼红壤
	黄壤	黄壤	次生黄壤
		乌黄壤	次生乌黄壤
			长石质乌黄壤
		幼黄壤	粗骨幼黄壤
淋溶土	棕黄壤	棕黄壤	次生棕黄壤
		生草棕黄壤	次生生草棕黄壤
山地草甸土	山地草甸土	山地草甸土	山地草甸土
岩成土		红色石灰土	红色石灰土	红色石灰土
		幼年石灰土	幼年石灰土	幼年石灰土
水成土	沼泽土	泥炭质沼泽土	山地泥炭质沼泽土

浙江清凉峰地处亚热带常绿阔叶林北缘地带，与其相应的矿物风化类型为硅铝型，胡富比为大型。土壤类型则相应为棕黄壤、黄红壤。随海拔升高，土壤的垂直结构由低到高呈现红壤带、山地黄壤带、山地棕黄壤带及草甸土带的垂直带谱。

三、气　候

浙江清凉峰地处浙江省西北部、中亚热带季风气候区南缘，属季风型气候，温暖湿润，光照充足，雨水充沛，四季分明。地势西北高，东南低，冷平流难进易出，暖平流易进难出，形成温暖湿润的气候特色。清凉峰地势高差悬殊，立体气候明显，从山脚至山顶平均气温由 15℃降至 8℃，年温差约 7℃，相当于横跨亚热带和温带两个季风气候带。清凉峰龙塘山年平均气温 12.5℃，极端最高气温 35.3℃，极端最低气温 -15.9℃，年平均降水量 2 331.9 mm；顺溪年平均气温 14.7℃，极端最高气温 39.9℃，极端最低气温 -10.3℃，年平均降水量 2 048.0 mm；天池千顷塘年平均气温 11.7℃，极端最高气温 35.4℃，极端最低气温 -13.8℃，年平均降水量 1 862.2 mm。

四、水　系

浙江清凉峰是典型的副热带季风气候区。山脉呈西南 - 东北走向，与季风前进方向几乎成正交。由于山脉抬升作用，使迎风雨量增多。本地区是分水江流域的暴雨中心，也是浙江省主要暴雨中心之一。浙江清凉峰位于昌化溪上游，是昌西溪、颊口溪、杨溪的发源地，区内水资源丰富，其河流的特征主要表现为：水量季节性变化大，水清、流急、落差大；丰水期 3 月下旬开始，6 月达到高峰，枯水期 11 月中旬开始，翌年 2 月结束。

五、植　被

根据《中国植被》一书的分类原则，依据群落物种组成、外貌和结构、动态特征，以及各样地的优势种和标志种对浙江清凉峰的植被类型进行划分。龙塘山区域的主要植被类型为针阔叶混交林、落叶阔叶林、常绿落叶阔叶混交林、针叶林、竹林及少量的落叶阔叶灌丛和高山草甸。千顷塘区域的主要植被类型为落叶阔叶林、针叶林、针阔叶混交林及少量的常绿阔叶林和草甸。顺溪坞区域的主要植物类型为落叶阔叶林、常绿阔叶林、针阔叶混交林及少量的针叶林。

第三节　保护区动植物资源

浙江清凉峰属典型亚热带季风区海洋性气候，因其气候条件温暖湿润、植被类型多样，植物区系组成复杂，有一定的多样性、复杂性、原生性，是中国东部中亚热带森林的典型代表。保护区不仅动植物资源丰富，还拥有多种珍稀濒危动植物及其特有属种。

一、植物资源

浙江清凉峰地处偏僻，地质古老，地形地貌复杂，海拔高低悬殊，植物种类丰富，区系组成复杂。现已查明浙江清凉峰高等植物 2 452 种（除栽培植物外共有高等植物 2 271 种），包括苔藓 337 种，蕨类植物 176 种，种子植物 171 科 842 属 1 939 种（除栽培植物外，有野生种子植物 158 科 748 属 1 758 种。野生种子植物包括裸子植物 4 科 8 属 11 种，被子植物中双子叶植物 129 科 577 属 1 431 种，单子叶植物 25 科 163 属 316 种）。

2021 年 9 月，经国务院批准，《国家重点保护野生植物名录》进行了调整，调整后保护区国家重点保护野生植物变更为 50 种。其中，属于国家一级重点保护野生植物的有银杏、南方红豆杉、象鼻兰、银缕梅 4 种；国家二级重点保护野生植物 46 种，分别为桧叶白发藓、蛇足石杉、四川石杉、金发石杉、闽浙马尾杉、巴山榧树、榧树、金钱松、华东黄杉、（凹叶）厚朴、鹅掌楸、夏蜡梅、天竺桂、华重楼（变种）、狭叶重楼、荞麦叶大百合、天目贝母、白及、独花兰、杜鹃兰、蕙兰、春兰、扇脉杓兰、细茎石斛、铁皮石斛、天麻、台湾独蒜兰、六角莲、短萼黄连、连香树、浙江蘡薁、野大豆、广东蔷薇、小勾儿茶、长序榆、大叶榉树、台湾水青冈、金荞麦、黄山梅、软枣猕猴桃、中华猕猴桃、大籽猕猴桃、香果树、七子花、大叶三七（变种）、明党参。

二、动物资源

浙江清凉峰在中国动物地理区划上属东洋界华中区。由于自然环境优越，植物种类丰富，为野生动物生存及栖息创造了极为优越的条件，动物种类十分丰富。现已查明浙江清凉峰脊椎动物 35 目 98 科 261 属 355 种，其中鱼类 6 目 15

科 47 属 56 种、两栖类 2 目 3 科 18 属 28 种、爬行类 3 目 9 科 26 属 32 种、鸟类 16 目 53 科 128 属 190 种、兽类 8 目 18 科 42 属 49 种；共有无脊椎动物中蜘蛛 26 科 93 属 138 种、昆虫 27 目 256 科 1 598 属 2 567 种。

表 2-2　浙江清凉峰动物资源分类统计

分类单位	无脊椎动物		脊椎动物				
	蜘蛛	昆虫	鱼类	两栖类	爬行类	鸟类	兽类
目	/	27	6	2	3	16	8
科	26	256	15	3	9	53	18
属	93	1 598	47	18	26	128	42
种	138	2 567	56	28	32	190	49

2021 年 2 月，经国务院批准，《国家重点保护野生动物名录》进行了调整，调整后保护区国家重点保护动物变更为 72 种（昆虫 6 种）（表 3-3），其中国家一级重点保护动物有穿山甲、豺、小灵猫、大灵猫、金猫、云豹、豹、黑麂、梅花鹿、白颈长尾雉、中华秋沙鸭、白枕鹤、东方白鹳、乌雕、安吉小鲵 15 种；国家二级重点保护动物有猕猴、狼、貉、赤狐、黄喉貂、水獭、豹猫、毛冠鹿、中华斑羚、中华鬣羚、勺鸡、白鹇、小天鹅、鸳鸯、褐翅鸦鹃、黑冠鹃隼、蛇雕、鹰雕、林雕、白腹隼雕、凤头鹰、赤腹鹰、日本松雀鹰、松雀鹰、雀鹰、苍鹰、黑鸢、灰脸鵟鹰、普通鵟、领角鸮、北领角鸮、红角鸮、领鸺鹠、斑头鸺鹠、长耳鸮、短耳鸮、草鸮、白胸翡翠、红隼、短尾鸦雀、画眉、棕噪鹛、红嘴相思鸟、红喉歌鸲、白喉林鹟、虎纹蛙、中国瘰螈、平胸龟、乌龟、黄缘闭壳龟、脆蛇蜥、拉步甲、硕步甲、阳彩臂金龟、金裳凤蝶、中华虎凤蝶、黑紫蛱蝶 57 种。

表 3-3　浙江清凉峰保护动物统计

保护级别	哺乳纲	鸟纲	两栖纲	爬行纲	昆虫纲	合计
国家一级重点保护	9	5	1	/	/	15
国家二级重点保护	10	35	2	4	6	57
浙江省重点保护	5	12	9	6	1	33
合　计	24	52	12	10	7	105

　　根据《浙江省重点保护陆生野生动物名录》（2016 年），本区有 33 种动物被列为省重点保护，其中兽类有食蟹獴、豪猪、黄鼬、黄腹鼬、果子狸 5 种；鸟类有三宝鸟、黑枕黄鹂、伯劳科（棕背伯劳、红尾伯劳）、杜鹃科（大鹰鹃、小杜鹃）、啄木鸟科（斑姬啄木鸟、大斑啄木鸟、灰头绿啄木鸟、灰喉山椒鸟）、鸭科（绿翅鸭、普通秋沙鸭）12 种；爬行类有王锦蛇、黑眉锦蛇、玉斑蛇、舟山眼睛蛇、尖吻蝮（五步蛇）、滑鼠蛇 6 种；两栖类有义乌小鲵、秉志肥螈、中国雨蛙、三港雨蛙、大绿臭蛙、沼水蛙、棘胸蛙、九龙棘蛙、大树蛙 9 种；昆虫类有宽尾凤蝶 1 种。

第二章

清凉峰国家和省级
重点保护昆虫

一、国家二级重点保护昆虫

1. 拉步甲 *Carabus lafossei* Feisthamel

【形态特征】体长 34 ～ 39 mm，体宽 11 ～ 16 mm。体色变异较大，一般头部、前胸背板绿色带金黄或金红光泽，鞘翅绿色，侧缘及缘折金绿色，瘤突黑色，前胸背板有时全部深绿色，鞘翅有时蓝绿色或蓝紫色。

【习　　性】捕食其他小昆虫。

【分　　布】浙江、辽宁、河南、安徽、江苏、四川、湖北、江西、福建、云南。

2. 硕步甲 *Carabus davidis* Deyrolle & Fairmaire

【形态特征】头部、触角和足都为黑色；前胸背板和侧板、小盾片都是蓝紫色；鞘翅绿色闪金属光泽，后半部具红铜光泽；腹部光洁，两侧有细刻点；足细长，雄虫前跗节基部斗节膨大，腹面有毛。

【习　　性】常栖息于砖石、落叶下或较浅土层。

【分　　布】浙江、福建、江西、广东。

3. 阳彩臂金龟 *Cheirotonus jansoni* Jordan

【形态特征】体长约60 mm，前胸背板金属绿色，盘区前半部具粗刻点，侧边向外侧强烈突伸。鞘翅黑褐色，肩部具2枚黄斑，鞘翅后2/3处沿翅缝至侧边半圈黄色。唇基半圆形。雄虫前足胫节极度延长，具2枚向内突出的刺；前刺垂直胫节向内突出，后刺位置较靠前，约在胫节1/3处之后。

【习　　性】幼虫栖息于大型朽木之内，成虫为灯光吸引。

【分　　布】浙江、四川、重庆、贵州、湖南、江西、福建、广东、海南。

4. 金裳凤蝶 *Troides aeacus* Felder

【形态特征】大型凤蝶，雄性翅展 110 mm，前翅黑色，翅脉两侧的灰白色鳞片明显，后翅金黄色，黑斑仅位于翅边缘，从侧后方观察其后翅有荧光。

【习　　性】喜于晨间、黄昏时飞至野花吸蜜。

【分　　布】浙江、西藏、陕西、四川、江西、福建、云南、广西、广东、海南、香港、台湾。

5. 中华虎凤蝶 *Luehdorfia chinensis* Leech

【形态特征】翅黄色并具黑色条纹。尾突短。外缘黑带外方嵌有黄色新月形斑，内嵌蓝斑，里侧为新月红斑列和细的黑色短线列，近臀角的黑色圆斑内嵌蓝点。后缘具宽黑带。

【习　　性】常在寄主（细辛、杜衡）附近被发现。

【分　　布】浙江、陕西、河南、安徽、江苏、湖北、江西。

中华虎凤蝶幼虫

6. 黑紫蛱蝶 *Sasakia funebris*（Leech）

【形态特征】大型蛱蝶，翅黑色，有天鹅绒蓝色光泽，前翅中室内有一条红色纵纹，端半部各室有长"V"形白色条纹。翅反面斑纹同正面，但中室基部为箭头状红斑；中室脉上有一个白斑，中室外下方有 3～4 个灰白斑；后翅基部有一个耳环状红斑。

【习　　性】常吸食树汁，或在空旷地停栖吸食垃圾、烂水果等。

【分　　布】浙江、四川、福建。

二、 浙江省重点保护昆虫

7. 宽尾凤蝶 *Agehana elwesi*（Leech）

【形态特征】尾状突起特别宽大，内有两条红色翅脉（第三及第四脉）贯穿尾突，此特征可与其他凤蝶区别。成虫展翅 9.2～10 cm，雌蝶体型较雄蝶大，但雌雄蝶翅形状及色彩斑纹相同。前翅底色黑而略带褐色，后翅在中室附近有白色大纹，在外沿则有一排红色弦月形纹。

【习　　性】该种寄主植物相对单一，且呈零星分布，成虫栖息时常平放翅膀，飞行缓慢，常作滑翔飞态，幼虫寄主于檫树。

【分　　布】天目山、天目山镇、龙岗镇、岛石镇、清凉峰镇。

第三章

清凉峰昆虫各论

一、蜉蝣目 Ephemeroptera

（一）扁蜉科 Heptageniidae

1. 似动蜉 *Cinygmina* sp.

【形态特征】翅透明，前缘区域的横脉褐色，前足细长，约与体等长。尾丝约是体长的3倍。

【习　　性】生活于山区浅溪流环境。

【分　　布】浙江。

2. 黑扁蜉 *Heptagenia ngi* Hsu

【形态特征】身体棕色，胸部颜色较淡，3 对足棕色，每条足腿节上都有明显的
3 条黑棕色带，翅透明具棕色斑，腹背具不规则的棕色斑，尾丝具棕色环纹。

【习　　性】生活于山区沙质溪流。

【分　　布】浙江、福建、广东、香港。

（二）蜉蝣科 Ephemeridea

3. 黑点蜉 *Ephemera* sp.

【形态特征】前足腿节与胫节、胫节与跗节之间黑色，前后翅似三角形，腹部各
节都有黑斑纹，尾丝3根，略与体等长。

【习　　性】生活于山区溪流环境。

【分　　布】浙江。

二、蜻蜓目 Odonata

（一）大蜓科 Cordulegasteridae

4. 巨圆臀大蜓 *Anotogaster sieboldii* (Selys)

【形态特征】成虫腹长 83 ~ 95 mm，后翅长 76 ~ 80 mm。雄虫复眼绿色，合胸黑色，侧面有 2 条较宽的黄纹，腹部黑色，第 2 ~ 9 腹节中央具黄色环纹。雌雄外观近似，但雌虫翅基褐色，腹部黄纹发达，腹末有突出的如长箭状的产卵管。

【习　　性】成虫发生期为 4—11 月，生活于低、中海拔山区水质清澈的溪流环境。

【分　　布】浙江、江苏、安徽、江西、福建、广东、台湾。

（二）蜓科 Aeschnidae

5. 黑纹伟蜓 *Anax nigrofasciatus* Oguma

【形态特征】雄性腹长 57 mm，后翅长 50 mm，下唇黄色，中叶端具黑缘；上唇黄色，具宽的黑色前缘；前唇基黄绿色，前缘中央淡褐；后唇基绿色，前缘两侧具很细的褐色缘；额绿色，上额具 1 黑色 "T" 形斑纹。胸部合胸背前方绿色，无斑纹，合胸侧面黄绿色，具黑色条纹，足黑色，翅透明，翅痣黄褐色。

【习　　性】喜欢在山间水草茂盛的溪流以及山区的小型静水池飞行。

【分　　布】浙江、北京、山西、陕西、江苏、福建、广东、香港、台湾。

（三）春蜓科 Gomphidae

6. 弗鲁戴春蜓 *Davidius fruhstorferi* Navás

【形态特征】成虫腹长 27 ～ 30 mm，后翅长 22 ～ 25 mm。合胸背前方黑色具倒"7"字形较细黄纹，侧面除了后方有 1 条甚细黑纹上下贯通外，其余大部分具黄绿色，腹部黑色，各节侧面具黄色条纹，越向后方该条纹越小，且逐渐斑点化。雌虫第 7 ～ 8 腹节侧面具小黄斑，腹末的肛附器黄白色；雄虫第 7 ～ 8 腹节黑色，肛附器突出呈角锥状。

【习　　性】成虫发生期为 4—10 月，生活于深山溪流环境。

【分　　布】浙江、江苏、四川、重庆、贵州、江西、福建、广西。

（四）蜻科 Libellulidae

7. 米尔蜻 *Libellula melli* Schmidt

【形态特征】成虫腹长约 20 mm，后翅长约 18 mm。雄虫未熟时身体黄褐，翅基部有褐斑，后翅的褐斑三角状，腹扁平，背面具暗褐斑。成熟个体身体黑褐，腹背大部分具蓝灰色粉末。

【习　　性】成虫发生期 4—8 月，多在植物茂盛的池塘、沼泽出没。

【分　　布】浙江、安徽、四川、贵州、湖北、湖南、福建、广东。

8. 小黄赤蜻 *Sympetrum kunckeli* (Selys)

【形态特征】成虫腹长 22 ~ 25 mm，后翅长 24 ~ 27 mm。雌虫头部前额上有两个小黑斑，合胸黄色至黄褐色，背前方具三角形黑斑，左右各有 1 条黑纹，侧面大部分黄色，具有不规则的黑碎纹，腹部橙色至深黄色，且第 3 ~ 9 腹节侧面具有黑斑。雄虫额头黄白色，老熟时转为青白色且腹部为深红色。

【习　　性】成虫发生期为 7—9 月。未熟或老熟的个体都常隐匿于静态水域旁的草丛中。

【分　　布】浙江、吉林、辽宁、陕西、山西、河北、北京、河南、安徽、山东、江苏、四川、湖北、湖南、福建。

9. 竖眉赤蜻 *Sympetrum eroticum* Selys

【形态特征】成虫腹长 24 ～ 27 mm，后翅长 28 ～ 30 mm。头部前额上有两个黑斑，形如眉状，合胸黄色至黄褐色，背前方中央有三角形黑斑，三角形黑斑左右各有 1 条黑纹。雄虫腹部深红色具少量黑斑，雌虫为深黄色，侧缘黑斑较多。

【习　　性】成虫发生期为 6—10 月。未熟的个体都在树林里觅食，待秋叶红的时候，就陆续飞到水边繁殖。

【分　　布】浙江、北京、河北、重庆、湖南、江西、福建、广西、广东。

10. 褐肩灰蜻 *Orthetrum internum* McLachlan

【形态特征】头部下唇中叶黑色，上唇黑色，其后缘左右各具1黄斑；前、后唇基暗黄色；额黄色，头顶黑色，后头褐色。胸部前胸黑色，背板中央淡黄色，后叶淡黄色，合胸背前方暗黄色，合胸脊褐色，合胸领黑色，合胸侧面淡黄色，具褐色条纹。翅透明，翅痣黄色。足黑或褐色；腹部黄或褐色，具黑色斑纹。

【分　　布】浙江、河北、北京、贵州、湖北、湖南、福建、云南。

11. 异色灰蜻 *Orthetrum melania* Selys

【形态特征】成虫腹长 34 ～ 37 mm，后翅长 37 ～ 42 mm。雄虫头部黑色，身体蓝灰色，第 8 ～ 9 腹节黑色，未熟的雄虫同雌虫一样，合胸黄色，侧面具 2 条黑色宽条纹，腹部黄色，背中央具黑纹，末节黑色。雄虫翅基部的黑斑被有粉末，雌虫翅基部金黄。

【习　　性】成虫发生期为 6—8 月。栖息于山区溪流深潭环境。

【分　　布】浙江、北京、河北、山东、江苏、广西、广东。

12. 白尾灰蜻 *Orthetrum albistylum* Selys

【形态特征】成虫腹长 32 ～ 40 mm，后翅长 36 ～ 43 mm，未熟个体合胸淡黄至灰白色，侧面可见 3 条淡褐至黑褐色斑纹，第 3 ～ 6 腹节各节背面两侧有 1 对弧状黑斑，第 7 ～ 9 腹节完全黑色，肛附器白色。成熟雄虫合胸有黑化倾向，腹部第 2 ～ 6 节覆有蓝白粉末。雌虫深黄色。

【习　　性】成虫发生期为 4—10 月，栖息于池塘、湖泊或水库等静态水域。

【分　　布】浙江、河北、北京、江苏、四川、福建、云南、广东。

（五）色蟌科 Calopterygidae

13. 亮闪色蟌 *Caliphaea nitens* Navás

【形态特征】全身青铜色，翅端有黑色的翅痣，合胸侧面有黄色条带纹。

【习　　性】栖息于山区溪流环境。

【分　　布】浙江、甘肃、四川、重庆、湖北、湖南、贵州、江西、福建、广西、广东。

14. 透顶单脉色蟌 *Matrona basilaris basilaris* Selys

【形态特征】成虫腹长 50～55 mm，后翅长 40～45 mm。雄虫体绿色具强烈的金属光泽，翅顶端稍透明，靠近翅基部约占翅膀 1/3 的区域为蓝色，其余黑色。雌虫合胸古铜绿色，后方有黄色细纹，翅褐色具白色较短的伪翅痣。

【习　　性】成虫发生期北方为 7—9 月，南方为 4—11 月。生活于山区溪流环境。

【分　　布】广布全国各地。

（六）螅科 Coenagrionidae

15. 杯斑小螅 *Agrion femina* (Brauer)

【形态特征】体长 20 mm，翅展 22 mm。雄虫胸部布满白粉，腹部黑褐色，末端橙红色。雌虫胸部灰绿色，部分个体近似雄虫，胸部具白粉、黑色斑。体型十分细小。

【习　　性】栖息于池塘、沼泽旁。

【分　　布】浙江、河南、四川、贵州、湖北、湖南、福建、云南、广西、广东、海南、香港、台湾。

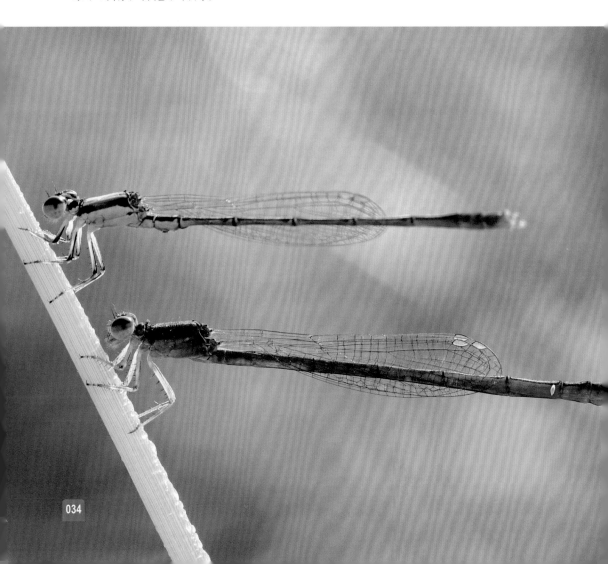

16. 多棘蟌 *Coenagrion aculeatum* Yu & Bu

【形态特征】成虫腹长约 28 mm，后翅长约 18 mm。雄虫复眼上黑下绿，合胸前面黑色具蓝色条纹，侧面蓝色具黑色条纹，合胸腹面及足被白色粉末。第 2 腹节蓝色，侧面具"V"形黑斑，第 3～5 腹节具蓝色大斑，腹部末端蓝色。

【习　　性】栖息于溪流环境。

【分　　布】浙江、安徽、江苏、重庆、贵州、福建。

17. 长尾黄螅 *Ceriagrion fallax* Ris

【形态特征】成虫腹长 32 ～ 35 mm，后翅长 21 ～ 24 mm。雄虫复眼及合胸橄榄绿色，腹部黄色具黑斑，第 7 节端半部至第 10 节，背部的黑色向两侧延伸，第 9 节的黑斑延伸至腹面。雌虫色彩似雄虫，腹部呈淡褐色。

【习　　性】成虫发生期 4—10 月，栖息于植物水草丰茂的水塘、池沼、水库等静水环境。

【分　　布】浙江、云南、贵州、湖南、福建、广西、广东。

（七）溪螅科 Euphaeidae

18. 庆元异翅溪螅 *Anisopleura qingyuanensis* Zhou

【形态特征】下唇黑色；上唇黄绿色；从上颚的基部经后唇基和颊有黄绿色宽条纹延伸到中央单眼的同等高度。头顶和头后黑色；侧单眼的外面各有一大的黄绿色卵圆形斑。足黑色，中、后足股节背面有一条黄绿色细纹。翅透明，从翅基延伸至翅节金黄色，翅顶端烟黑色。

【习　　性】栖息于溪流环境。

【分　　布】浙江、甘肃、四川、贵州、江西、广西、广东。

（八）扇螅科 Platycnemididae

19. 黄纹长腹扇螅 *Coeliccia cyanomelas* Ris

【形态特征】黄纹长腹螅，中型豆娘，体长 48 mm ；雄性头部黑色，具蓝色和黄色斑；合胸背面褐色，具天蓝色条纹，侧面天蓝色；腹部黑色具天蓝色斑纹。

【习　　性】常见于山区清澈小溪附近。

【分　　布】浙江、重庆、福建、台湾。

20. 叶足扇螅 *Platycnemis phyllopoda* Djakonow

【形态特征】成虫腹长 23 ～ 28 mm，后翅长 17 ～ 19 mm。雌雄虫合胸背前方有黄白色条纹，腹部背面黑色且各腹节端部具有白色细环纹。

【习　　性】成虫发生期为 5—9 月，栖息于平原挺水植物生长茂盛的池塘、湖泊。

【分　　布】浙江[①]，华北、华东、华中。

① 浙江省属于华东地区，但为突出浙江省的分布状况，特将浙江省单独列出。

三、蜚蠊目 Blattaria

（一）鳖蠊科 Corydidae

21. 地鳖蠊 *Polyphaga* sp.

【形态特征】体型稍大，扁平，触角短于体长。前胸背板横宽，表面具颗粒。雄性具翅，雌性完全无翅。各腹节背板侧缘稍稍增厚，表面具颗粒，基部具光滑横带。雌性下生殖板横宽，后缘中央具极弱的缺刻。

【习　　性】喜欢生活在阴暗潮湿、腐殖质丰富、疏松肥沃的土壤中，有昼伏夜出的生活习性。

【分　　布】浙江。

（二）光蠊科 Epilampridae

22. 夏氏大光蠊 *Rhabdoblatta xiai* Liu & Zhu

【形态特征】体中等。体褐色。头部黑褐色，单眼、唇基淡褐色。头顶稍微露出前胸背板，复眼间距与单眼间距几乎相等。前胸背板近椭圆形，横宽，前缘宽圆，后缘呈钝角形突出，表面具不明显凹痕。前翅褐色，后翅臀域烟褐色。前翅和后翅均发达，超过腹端，端部无明显突出的尖顶。腹部栗褐色。尾须较长，扁平。

【分　　布】浙江。

四、螳螂目 Mantodea

螳科 Mantidae

23. 勇斧螳 *Hierodula membranacea* Burmeister

【形态特征】体型较大，前足基节具8枚左右的刺突，前足转节内侧与股节交接处具1明显黑斑。前足股节内列刺仅部分黑色。

【习　　性】捕食性。

【分　　布】浙江及中国东南部。

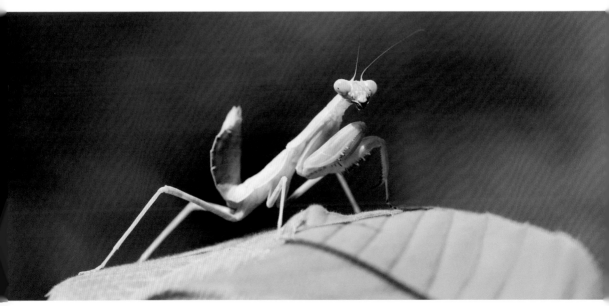

24. 顶瑕螳 *Spilomantis occipitalis* (Westwood)

【形态特征】小型螳螂种类，体长约 2 cm，触角具白色色段，前足内侧具黑色杂斑。

【习　　性】常见于林下植物上，捕食小型昆虫，如蝇类。

【分　　布】浙江、云南、海南、广西、广东。

25. 棕污斑螳 *Statilia maculata* Thunberg

【形态特征】前足基节和股节内侧面均匀分布有黑色或深褐色斑，此斑常形成宽带状，股节内侧面除有 1 宽带状斑外，在此斑前方还有 1 条细条纹斑，或此条纹斑不甚明显；前足股节外侧面也常不规则分布有大小不同的黑点；前后翅常稍短于腹部。

【习　　性】捕食其他小昆虫。

【分　　布】浙江、河北、湖北、河南、山东、安徽、江苏、湖南、江西、福建、广西、广东。

五、竹节虫目 Phasmatodea

竹节虫 Phasmatidea

26. 粗皮蜢 *Phraortes confucius* Westwood

【形态特征】雄性体淡黄褐色或褐色，头部长卵形，向后略趋狭，背面具中纵沟，后头具4个小瘤。触角长于前足股节，分节不明显。前胸背板具1条暗黑色中线，延伸至第6腹节，中胸和后胸两侧具不明显的暗黑色纵带。雌性带绿色，后头具沟，但无瘤，复眼间具2小刺。

【习　　性】寄主为棉花、竹类、胡枝子、锦鸡儿等。

【分　　布】浙江、山东、河南、安徽、江苏、浙江、福建。

27. 中华皮䗛 *Phraortes chinensis* (Brunner von Wattenwyl)

【形态特征】雄性体绿色，头部近长方形，背面无突起，触角长于前足股节。复眼后方具白色纵条纹，胸部两侧具橙色，第8、9腹节背板后侧角各具1个白斑。股节和胫节端部有时暗黑色。雌性体黄褐色或暗褐色，雌性头顶缺或具1对短的刺突。前足跗基节背缘适度隆起，复眼后方具白色纵条纹。

【分　　布】浙江、河南、安徽、湖北、江西。

六、直翅目 Orthoptera

（一）蟋蟊科 Gryllacrididae

28. 蟋蟊 *Phryganogryllacris* sp.

【形态特征】头较大，触角通常极长，前胸背板前部不扩宽，前足基节具刺，前足胫节缺听器。雄性前翅缺发音器，尾须不分节，雌性产卵瓣发达。

【习　　性】草丛边常见。

【分　　布】浙江。

（二）露螽科 Phaneropteridae

29. 华绿螽 *Sinochlora* sp.

【形态特征】大型的绿色螽斯，头胸部狭小，前翅基部具 1 斜向的淡色条纹。

【习　　性】栖息于林地环境。

【分　　布】浙江、江西。

30. 掩耳螽 *Elimaea* sp.

【形态特征】体侧扁的中小型种类，头及前胸狭小，前翅狭长超过腹端，与条螽类近似，但前翅翅脉多呈方格状，前足听器闭合。

【习　　性】栖息于林地环境或农田。

【分　　布】浙江。

（三）拟叶螽科 Pseudophyllidae

31. 山陵丽叶螽 *Orophyllus montanus* Beier

【形态特征】体翠绿色，复眼深褐色。柄节前段各 1 黑色纵代，梗节整体为黑褐色，鞭节具褐色条纹。各足刺的端半部、爪的端半部为褐色。

【习　　性】栖息于林地环境上层。

【分　　布】浙江、四川、贵州、福建、广西、广东。

（四）织娘科 Mecopodidae

32. 纺织娘 *Mecopoda* sp.

【形态特征】体色绿色，触角位于两复眼之间，超出翅末端。前足听器开放型，后足发达，腿节呈锤状。前后翅发达，超出体长 2 倍或以上，前翅略短于后翅。

【习　　性】植食性，喜食桑叶和杨树叶等。

【分　　布】浙江。

（五）螽斯科 Tettigoniidae

33. 绿背覆翅螽 *Tegra novae-hollandiae* Haan

【形态特征】体中型，头顶锥形；复眼球形，突出。前胸背板鞍形，前缘强凸出，中央平截，两侧各具1弱的瘤突，后缘宽圆形。前翅远超腹端，前、后缘近乎平行，端部宽圆；后翅略长于前翅。体灰褐色至褐色，杂黄褐色和暗黑色斑纹。颜面和体腹面暗黑色，触角具淡色环纹。后翅横脉暗色，周围呈烟褐色。

【习　　性】取食植物叶片。

【分　　布】浙江、四川、重庆、湖北、湖南、江西、福建、云南、贵州、广西、广东、台湾。

（六）驼螽科 Rhaphidophoridae

34. 突灶螽 *Diestrammena japonica* Blatchley

【形态特征】体长 36～38 mm，体色红褐色至黑褐色，体型宽大，体背隆突或驼背状，故称"驼螽"。体表坚实，前胸背板有 2 条不明显的纵纹，无翅膀，靠后腿摩擦鸣叫。六肢长，关节及胫节具棘刺，转节黄白色，后脚腿节异常粗大，侧缘淡黄褐色具线状斑纹。

【习　　性】杂食，在野外时以植物的茎、果、叶为食，在室内则以饭粒、菜屑等为食。

【分　　布】世界各地均有分布。

（七）斑腿蝗科 Catantopidae

35. 中华稻蝗 *Oxya chinensis* (Thunberg)

【形态特征】全身绿色或黄绿色，左右两侧有暗褐色纵纹，后足股节膝部外侧下膝侧片端部刺状。

【习　　性】喜生活于低洼潮湿或近水边地带，以禾本科植物为主要食料。

【分　　布】浙江、黑龙江、吉林、辽宁、河北、北京、天津、山东、陕西、河南、安徽、江苏、上海、四川、湖北、湖南、江西、福建、广西、广东、台湾。

36. 短角外斑腿蝗 *Xenocatantops brachycerus* (Willemse)

【形态特征】体较粗壮，雄性至翅末约 22 mm，雌性约 28 mm，体褐色具浅色斑纹，后足股节具明显的黑斑。

【习　　性】栖息于草丛或矮灌木丛。

【分　　布】浙江、陕西、山西、河北、山东、江苏、四川、贵州、湖北、湖南、江西、福建、广西、广东、台湾。

（八）刺翼蚱科 Scelimenidae

37. 突眼优角蚱 *Eucriotettix oculatus* Bolivar

【形态特征】体中小型，暗褐色；头略高于前胸背板，头顶宽略狭于复眼宽；前胸背板侧片后角呈片状扩大，末端具横向的直刺；前胸背板后突几到达后足胫节末端；后翅到达或略超过前胸背板后突。体暗褐色。有些个体的前、中足胫节具不明显的淡色环，后足股节外侧上半部具 3 个明显或不明显的淡色斜斑。

【习　　性】主要取食幼嫩苔藓及腐殖质。

【分　　布】浙江、云南、广西、广东、海南、台湾。

七、半翅目 Hemiptera

（一）黾蝽科 Gerridae

38. 黾蝽 *Gerris* sp.

【形态特征】体长 10 mm。体色黑和灰黑。复眼大而突出。触角 4 节，第 1 节最长，第 4 节次之。前胸背板黑色，很长；具背中脊，脊前端黄褐，后端灰白。

【习　　性】在水上爬行，以落在水面上的其他昆虫为食。

【分　　布】全国各地均有分布。

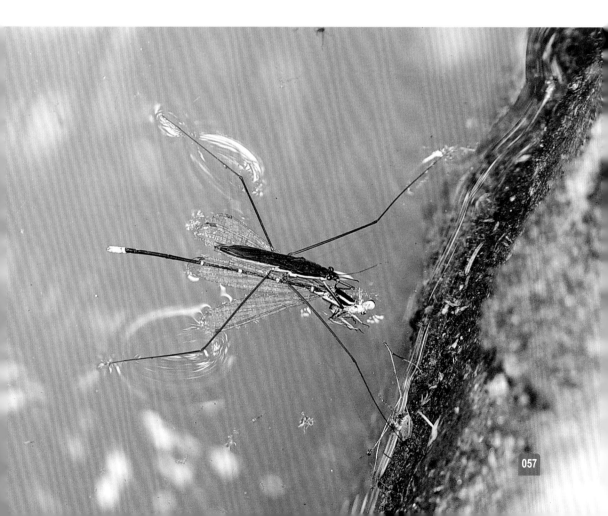

（二）负子蝽科 Belostomatidae

39. 大田鳖 *Lethocerus deyrolli* Vuillefroy

【形态特征】身体扁阔，椭圆形，灰褐色。头较小，三角形。喙短而强，腿大，前足强壮。前翅革质，发达，呈镰刀状。

【习　　性】喜欢栖息在池沼、稻田、鱼塘中。

【分　　布】浙江、辽宁、山西、河北、北京、山东、安徽、江苏、上海、四川、湖北、湖南、江西、福建、广西、广东、海南。

（三）猎蝽科 Reduviidae

40. 褐菱猎蝽 *Isyndus obscurus* (Dallas)

【形态特征】成虫体长 22 ～ 25 mm。体棕褐色，密被淡黄色绒毛。触角黑褐色，具黄褐色斑。前胸背板前叶具弯曲深色波纹。腹部侧接缘具不明显的黄色波纹。

【习　　性】1 年发生 1 代，以成虫越冬。

【分　　布】浙江、西藏、吉林、辽宁、河北、北京、山东、河南、安徽、江苏、四川、贵州、湖北、江西、福建、云南、广西、广东、海南。

41. 齿缘刺猎蝽 *Sclomina erinacea* Stal

【形态特征】体长 13 ～ 16 mm，黄色至黄褐色。头部背面，前胸背板，各足股节具长刺突，以前胸背板中部的 1 对最大。前胸背板前叶具印纹，中央深纵凹；前胸背板后叶中央纵凹浅，后角圆钝，后缘略凸；小盾片具 "Y" 形脊，端部微下弯；前足股节较发达；第 3 ～ 7 腹节侧接缘后角锯齿状向外突出。

【习　　性】在植物丛的中上层活动，捕食各种昆虫和节肢动物。

【分　　布】浙江、安徽、湖南、江西、福建、云南、广西、广东、海南、台湾。

（四）盲蝽科 Miridae

42. 丽盲蝽 *Lygocoris* sp.

【形态特征】体长形，中等大小，两侧多平行，体背面通常为均一的绿色、淡黄色或黄褐色。头顶中纵沟两侧常具刻点。触角相对细长。前胸背板中度倾斜。楔片狭长。足细长，后足股节常伸过腹部末端，胫节无深色斑，刺多浅色。

【习　　性】植食性，为害多种农作物。

【分　　布】浙江。

（五）同蝽科 Acanthosomatidae

43. 伊锥同蝽 *Sastragata esakii* Hasegawa

【形态特征】体长 11 mm 左右；体椭圆形，带有较为浓密的深棕色刻点；头及前胸背板前部黄褐色；前胸背板后方褐绿色，小盾片带有大型黄色心形斑。

【习　　性】雌虫产卵后有静伏在卵块上保护卵块的习性。可在柞、栎混交林见到。

【分　　布】浙江、河南、江西、福建、广西、台湾。

44.蓬莱原同蝽 *Acanthosoma haemorrhoidale formosanum* Tsai et Redei

【形态特征】体长约 13 mm，头部至前胸背板前叶绿色，前胸背板后叶红褐色，两端侧角尖长，红色，小盾板绿色，端部尖长，前翅革质部分褐色，外缘绿色，膜质翅褐色，雄虫腹端有 1 对尾角外突，红色。

【分　　布】浙江、台湾。

（六）蝽科 Pentatomidae

45. 中华岱蝽 *Dalpada cinctipes* Walker

【形态特征】体长 16 mm，宽 8.1 mm。体紫褐色至紫黑色或绿褐色，略具金属光泽。触角黑，第 4、第 5 节基部淡黄褐。前胸背板前半绿黑，后半隐约有 4 条绿黑色纵纹。小盾片基部黑紫。前翅革片灰黄褐色，中部及端部常呈紫红色，具不规则的黑斑。足股节基半黄褐色，端半具黑褐色斑块。

【分　　布】浙江、甘肃、陕西、河北、河南、安徽、江苏、贵州、湖南、江西、福建、云南、广西、广东、海南。

46. 驼蝽 *Brachycerocoris camelus* Costa

【形态特征】体长 5 ～ 6 mm，宽 4 mm。灰黄褐色至黑褐色，密覆短而平有丝光的毛，将体表面全部遮盖。体厚实，强烈凹凸不平。头中央、前胸背板前半中央均有 1 显著的瘤突，前胸背板后半有强烈褶皱。

【分　　布】浙江、安徽、江苏、湖北、福建。

47. 弯角蝽 *Lelia decempunctata* Motschulsky

【形态特征】体长 16 ～ 22 mm，椭圆形，黄褐色，密布小黑刻点；触角黄褐色，密布黑色小刻点。前胸背板中区有等距排成一横列的黑点 4 个；侧角大，向外突出成尖，共有 10 个点。

【习　　性】以成虫在石块下、土缝、落叶枯草中越冬。

【分　　布】浙江，东北、华北、华东。

48. 麻皮蝽 *Erthesina fullo* Thunberg

【形态特征】体长 21～25 mm，宽 10 mm。体背黑色散布有不规则的黄色斑纹。头部突出，背面有 4 条黄白色纵纹从中线顶端向后延伸至小盾片基部。触角黑色。前胸背板及小盾片为黑色，有粗刻点及散生的黄白色小斑点。侧接缘黑白相间或稍带微红。

【习　　性】成虫及若虫均以锥形口器吸食多种植物汁液。

【分　　布】浙江、辽宁、陕西、山西、河北、山东、江苏、四川、贵州、江西、云南、广西、广东。

49. 绿岱蝽 *Dalpada smaragdina* (Walker)

【形态特征】体长 15 ～ 18 mm，宽 7 ～ 9 mm。较大而厚实，前胸背板侧角结节状更为明显。头侧叶明显长于中叶。腹部侧接缘最外缘为淡黄白色狭边，其余为一色金绿。体下方淡黄白色，侧缘处为一条较为整齐的金绿色带。

【习　　性】成虫及若虫喜在嫩梢、叶片及叶柄取食。

【分　　布】浙江、安徽、江苏、四川、贵州、湖北、江西、福建、云南、广西、广东、台湾。

（七）龟蝽科 Plataspidae

50. 筛豆龟蝽 *Megacopta cribraria* (Fabricius)

【形态特征】体长 4～6 mm，近卵形，淡黄褐色或黄绿色，复眼红褐色。小盾片基胝两端灰白，各足胫节背面全长巨纵沟。

【习　　性】1年1～2代，以若虫在寄主植物附近的枯枝落叶下越冬。若虫、成虫均喜群居为害。

【分　　布】浙江、西藏、陕西、山西、河北、北京、四川、云南、台湾。

（八）盾蝽科 Scutelleridae

51. 桑宽盾蝽 *Poecilocoris druraei* Linnaeus

【形态特征】体长 15～18 mm，宽 9.5～11.5 mm。黄褐色或红褐色。头黑色，触角黑色。前胸背板有 2 个大黑斑，有些个体无。小盾片有 13 个黑斑，有些个体黑斑互相连结或全无。足黑色。

【习　　性】寄主为桑树。

【分　　布】浙江、四川、贵州、云南、广西、广东、台湾。

52. 金绿宽盾蝽 *Poecilocoris lewisi* (Distant)

【形态特征】体长 13 ～ 16 mm，宽 9 ～ 10 mm，宽椭圆形。触角蓝黑，足及身体下方黄色，体背是有金属光泽的金绿色，前胸背板和小盾片有艳丽的条状斑纹。

【习　　性】若虫和成虫群集为害寄主植物，成虫发生期为 8—9 月，以老熟若虫在寄主附近的土层和枯枝落叶下越冬，卵块产于寄主叶背。

【分　　布】浙江、陕西、河北、北京、天津、山东、四川、重庆、贵州、江西、云南、台湾。

（九）荔蝽科 Pentatomidae

53. 硕蝽 *Eurostus validus* Dallas

【形态特征】体长 23 ～ 33 mm，棕褐色，具亮绿色金属光泽，密布细刻点。头小，三角形。触角基部 3 节深红褐色，第 4 节除基部外均为橘黄色。前胸背板前缘及小盾片侧缘亮绿色。足与体色相近。腹部背面紫红色，侧缘亮绿色。

【习　　性】成虫、若虫吸食嫩梢和叶片汁液。

【分　　布】浙江、内蒙古、陕西、河北、山东、河南、安徽、四川、贵州、湖北、湖南、江西、福建、云南、广西、广东、台湾。

54. 暗绿巨蝽 *Eusthenes saevus* Stal

【形态特征】成虫体长 28 ～ 31 mm，宽 16 mm 左右，椭圆形，紫绿色或深榄绿色，有油状光泽。前胸背板前角成小尖角状突出。小盾片末端常黄褐色。体下及足深栗褐色。体下具金绿色光泽。触角除第 4 节基部外黑褐色。

【分　　布】浙江、安徽、四川、江西、云南、广东。

（十）网蝽科 Tingidae

55. 悬铃木方翅网蝽 *Corythucha ciliate* Say

【形态特征】虫体乳白色，在两翅基部隆起处的后方有褐色斑；体长 3.2～3.7 mm，头兜发达，盔状，头兜的高度较中纵脊稍高；头兜、侧背板、中纵脊和前翅表面的网肋上密生小刺，侧背板和前翅外缘的刺列十分明显；前翅显著超过腹部末端，静止时前翅近长方形；足细长，腿节不加粗；后胸臭腺孔远离侧板外缘。

【习　　性】通常于悬铃木树冠底层叶片背面吸食汁液。

【分　　布】浙江。

（十一）跷蝽科 Berytidae

56. 肩跷蝽 Metatropis sp.

【形态特征】体色淡褐色，触角丝状。前胸背板扁平，中央有 1 条浅黄色纵棱，前翅及腹部黄褐色，翅长无斑，各脚长如丝，内具黑色细斑点，腿节端部膨大。

【习　　性】喜欢阴暗的草丛环境，常见于叶面活动，具群聚性。

【分　　布】浙江。

（十二）红蝽科 Pyrrhocoridae

57. 直红蝽 *Phyrrhopeplus carduelis* Stal

【形态特征】依其前胸背板胝部、小盾片、前翅膜片及各足腿节均呈黑色，易于同属内其余各种相区别。

【分　　布】浙江、河南、安徽、江苏、湖南、江西、福建、海南、广东、香港。

（十三）缘蝽科 Coreidae

58. 一点同缘蝽 *Homoeocerus unipunctatus* (Thunberg)

【形态特征】体长 13 ～ 15mm，黄褐色。前翅革片中央有 1 小黑色斑点。

【习　　性】成虫、若虫均为害寄主植物，卵聚产于寄主叶面。

【分　　布】浙江、西藏、江苏、湖北、江西、云南、广东、台湾。

59. 稻棘缘蝽 *Cletus punctiger* Dallas

【形态特征】体长 9 ～ 12 mm，体相对狭长。前胸背板侧角向两侧平伸，触角第 1 节略长于第 3 节。

【习　　性】喜聚集在稻、麦的穗上吸食汁液，以成虫在杂草根际处越冬。

【分　　布】浙江、西藏、陕西、山西、北京、山东、河南、安徽、江苏、贵州、湖北、江西、福建、云南、广东、海南。

60. 月肩莫缘蝽 *Molipteryx lunata* Distant

【形态特征】体长 24 ～ 25 mm，体色黑褐色，触角末节黄褐色，前胸背板向外延伸呈下弦月状，叶缘有锯齿，小盾片中央下缘有 1 枚黑斑突起，后足腿节粗大，胫节内侧有 1 枚三角片状突。

【分　　布】浙江。

61. 黄胫俟缘蝽 *Mictis serina* Dallas

【形态特征】体长 27～30 mm，黄褐色。后足骨节中央无巨刺，各足胫节污黄色。

【习　　性】为害寄主植物，以成虫在枯枝落叶下越冬。

【分　　布】浙江、四川、江西、福建、广西、广东。

62. 黑胫俵缘蝽 *Mictis fuscipes* Hsiao

【形态特征】体长 27～30 mm，深棕褐色。触角第 4 节及各足跗节棕黄色。前胸背板中央有 1 条纵走浅刻纹，侧角稍扩展。腹部第 3 腹板后缘两侧各具 1 短刺突，第 3 腹板与第 4 腹板相交处中央形成分叉状巨突。

【分　　布】浙江、四川、湖南、江西、福建、广西、广东。

63. 纹须同缘蝽 *Homoeocerus striicornis* Scott

【形态特征】小盾片草绿色或棕褐色，上面有细皱波，尤以基部最明显。前翅革片烟褐色，亚前缘和爪片内缘浅黑；膜片烟黑色，透明。

【习　　性】主要为害茄科、豆科植物。

【分　　布】浙江、甘肃、河北、北京、四川、湖北、江西、云南、广东、海南、台湾。

（十四）蛛缘蝽科 Alydidae

64. 点蜂缘蝽 *Riptortus pedestris* Fabricius

【形态特征】体长 15 ～ 17 mm，宽 3 ～ 5 mm，狭长，黄褐色至黑褐色，被白色细绒毛。足与体同色，胫节段部色淡，后足腿节粗大，有黄斑，腹面具 4 个较长的刺和几个小齿。触角前 3 节端部稍膨大，基半部色淡。头、胸部两侧的黄色光滑斑纹呈点斑状或消失。腹部侧缘稍外露，黄黑相间。腹下散生许多不规则的小黑点。

【习　　性】成虫和若虫刺吸汁液，在豆类蔬菜开始结实时，往往群集为害，以成虫在枯枝落叶和杂草丛中越冬。

【分　　布】浙江、西藏、北京、河南、安徽、江苏、四川、湖北、江西、福建、云南。

（十五）叶蝉科 Cicadellidae

65. 橙带突额叶蝉 *Gunungidia aurantiifasciata* (Jacobi)

【形态特征】体连翅长 16～17 mm。头冠部有 4 枚小黑点，前胸背板前缘横列 4 小黑斑，中胸小盾片二基角和端部各 1 枚黑斑，前翅乳白色，有多条橘黄色横带纹，足黄色。

【习　　性】吸食小型灌木汁液。

【分　　布】浙江、四川、重庆、湖北、湖南、江西、福建、广西、广东、海南。

（十六）蜡蝉科 Fulgoridae

66. 斑衣蜡蝉 *Lycorma delicatula* (White)

【形态特征】大型蜡蝉，体长 17 mm 左右，翅展 50 mm 上下。1 龄若虫，体黑色，带有许多小白点；末龄若虫最漂亮，通红的身体上有黑色和白色斑纹。成虫后翅基部红色，飞翔时很引人注目。

【习　　性】成虫、若虫均会跳跃，在多种植物上取食活动，最喜臭椿。

【分　　布】浙江、陕西、山西、河北、北京、山东、河南、江苏、四川、重庆、湖北、湖南、广东、台湾。

（十七）广翅蜡蝉科 Ricaniidae

67. 带纹疏广翅蜡蝉 *Euricanid facialis* Melichar

【形态特征】体长 6 ～ 6.5 mm，连翅长约 15 mm；体青灰色；前翅透明，前缘、外缘及内缘具棕黑色色带，中部具 1 黑斑。

【习　　性】停歇时，翅膀展开，善跳跃。

【分　　布】浙江、上海。

68. 钩纹广翅蜡蝉 *Ricania Simulans* Walker

【形态特征】体褐色至深褐色。前翅翅面具 2 条白色横带，翅面后方黄白色横带断裂成两段。

【习　　性】吸食灌木汁液。

【分　　布】中国南方各产茶地区。

69. 眼斑宽广翅蜡蝉 *Pochazia discreta* Melichar

【形态特征】体型较大，体色整体均为黑褐色。头顶、前胸背板、中胸背板褐色
至黑褐色，额与唇基褐色；前翅黄褐色至黑褐色；后翅茶黄色，半透明；前翅
前缘斑大，近三角形；翅面中部有 1 黑色环状斑，环状斑内有 1 黄白色透明不规
则小斑；外缘附近具 2 枚透明黄白斑块，臀角处透明斑块与外缘相接。顶角处透
明斑块不与外缘相接。

【习　　性】吸食灌木汁液。

【分　　布】浙江、甘肃、广东。

（十八）沫蝉科 Cercopidae

70. 斑带丽沫蝉 *Cosmoscarta bispecularis* White

【形态特征】体大型，美丽。体长 13～15.5 mm；头部、前胸背板和前翅橘红色，黑色的斑带明显。头颜面极鼓起，被细毛，两侧有横沟；冠短。复眼黑色，单眼小而黄色。前胸背板近前缘有 2 个近长方形的大黑斑；中脊极弱。前翅橘红色，但网状区黑色。

【习　　性】寄主为桑、桃、茶、咖啡、三叶橡胶。

【分　　布】浙江、安徽、江苏、四川、贵州、江西、福建、云南、广西、广东、海南、台湾。

71. 象沫蝉 *Philagra* sp.

【形态特征】体大型或中型，头冠延长，上翘，呈象鼻状，体色常灰色、褐色。

【习　　性】吸食灌木汁液。

【分　　布】浙江。

72. 嗜菊短头脊沫蝉 *Poophilus costalis* (Walker)

【形态特征】小型，体背褐色至黑褐色，头部短，端部尖，翅面具黑褐色细斑点。

【习　　性】吸食灌木汁液。

【分　　布】浙江、台湾。

73. 尖胸沫蝉 *Aphrophora* sp.

【形态特征】体大型或中型，头冠略尖，体常褐色，灰色。

【习　　性】吸食灌木汁液。

【分　　布】浙江。

（十九）角蝉科 Membracidae

74. 锚角蝉 *Leptobrlus* sp.

【形态特征】小型种类，头部到翅的端部大约长 10 mm；本种体背的犄角形锚状突起发达，左右的犄角宽度与体长接近，纵向的犄角向后延伸几乎达到翅的端部。

【习　　性】常发现于灌木之上，善跳跃。

【分　　布】浙江。

（二十）蝉科 Cicadidae

75. 绿草蝉 *Mogannia hebes* Walker

【形态特征】小型蝉科，头冠尖，体黑色带有紫色、蓝色、绿色等金属光泽。其中以绿色最常见，个体差异很大。

【习　　性】每年 4—8 月出现，经常在草丛等绿叶间活动。

【分　　布】浙江。

76. 草蝉 *Mogannia* sp.

【形态特征】体型在蝉科中属小型，头冠尖。体黑色带有紫色、蓝色、绿色等金属光泽。

【习　　性】不上树，常在草丛被发现。

【分　　布】浙江。

77. 黑蚱蝉 *Cryptotympana atrata* (Fabricius)

【形态特征】体长 38 ～ 48 mm，翅展 125 mm。体黑褐色至黑色，有光泽，披金色细毛。头部中央和平面的上方有红黄色斑纹。复眼突出，淡黄色，单眼 3 个，呈三角形排列。触角刚毛状。中胸背面宽大，中央高突，有"X"形突起。翅透明，基部翅脉金黄色。前足腿节有齿刺。雄虫腹部第 1 ～ 2 节有鸣器，雌虫腹部有发达的产卵器。

【习　　性】成虫刺吸枝干，栖息在树干上，夏季不停地鸣叫。

【分　　布】浙江、陕西、河北、山东、河南、安徽、江苏、上海、四川、贵州、湖南、福建、云南、广东、台湾。

78. 鸣鸣蝉 *Oncotympana maculaticollis* Motschulsky

【形态特征】体长 33 ～ 38 mm，翅展 110 ～ 120 mm，体粗壮，暗绿色，有黑斑纹，局部具白蜡粉。复眼大暗褐色，单眼 3 个红色，排列于头顶呈三角形。前胸背板近梯形，后侧角扩张成叶状，宽于头部和中胸基部，背板上有 5 个长形瘤状隆起，横列。中胸背板前半部中央，具 1 "W" 形凹纹。翅透明，翅脉黄褐色；前翅横脉上有暗褐色斑点。喙长超过后足基节，端达第 1 腹节。

【习　　性】栖息在树上，不停地鸣叫。

【分　　布】浙江、河北、山东。

79. 蟪蛄 *Platypleura kaempferi* (Fabricius)

【形态特征】体中大型，灰褐色，体表有黄色细绒毛，头胸部有绿色斑纹。翅面上带有黑白花纹。

【习　　性】成虫一般喜欢栖息在树干上，一边用中空的管状物插入树枝来吸吮汁液，一边鸣叫。

【分　　布】中国大部分地区。

八、脉翅目 Neuroptera

（一）草蛉科 Chrysopidae

80. 通草蛉 *Chrisoperla* sp.

【形态特征】体型较小，身体柔软，绿色，越冬虫态多为黄色或褐色。头部具有颊斑和唇基斑，复眼有金属光泽。触角线状，短于翅长。前翅透明、无斑，内中室窄小。腹部背面中央多具黄色纵带。

【习　　性】捕食蚜虫等小型昆虫，为重要的天敌昆虫。

【分　　布】浙江、云南。

（二）蚁蛉科 Myrmeleontidae

81. 蚁蛉 *Myrmeleon* sp.

【形态特征】体大型，体、翅均狭长，颇似豆娘。触角短，棍棒状；前后翅的形状、大小和脉序相似。

【分　　布】浙江。

（三）蝶角蛉科 Ascalaphidae

82. 脊蝶角蛉 *Ascalohybris* sp.

【形态特征】触角光裸，与前翅等长或达翅痣。雄性触角基部向外较弯。翅长，中部明显膨胀。前翅腋角较明显。腹部短于前翅，约为后翅长的 2/3，雄虫肛上片长，钳状。

【习　　性】成虫发生期为 5—8 月。

【分　　布】浙江。

（四）螳蛉科 Mantispidae

83. 螳蛉 *Mantispa* sp.

【形态特征】头部黄色。头顶具暗斑；触角黑色念珠状，基部2节黄色有褐斑。前胸狭长，背板黄褐色；前足基节淡黄色，腿节黄褐色，内侧暗褐色；中后足黄色。翅透明。腹部黄色，有黑条斑。

【分　　布】浙江。

九、广翅目 Megaloptera

齿蛉科 Corydalidae

84. 中华斑鱼蛉 *Neochauliodes sinensis* (Walker)

【形态特征】成虫前翅长 35 mm 左右。头部浅褐色至褐色，雄性触角栉状。前胸黄褐色，两侧多呈深褐色。前翅前缘域基部，具 1 褐斑；翅基部具少量小点斑，有时略有连接；中横带斑窄而长，连接前缘并伸达 1A；翅端部的斑色较浅，多横向连接。

【习　　性】幼虫生活于流水中，捕食水生昆虫的幼虫；成虫有趋光性，捕食蛾类等害虫。

【分　　布】浙江、安徽、贵州、湖北、湖南、江西、福建、广西、广东、台湾。

85. 花边星齿蛉 *Protohermes costalis* (Walker)

【形态特征】体长 40 mm 左右，翅展接近 100 mm；头部和胸部呈黄褐色，腹部呈褐色。头顶两侧无任何黑斑且侧单眼远离中单眼，是其重要的识别特征；翅多处带有淡黄色斑，其中前翅基部 1 个较大、中部有 3～4 个、端部近 1/3 处有 1 个，后翅端部近 1/3 处有 1 个。

【习　　性】常见于水边。

【分　　布】浙江、甘肃、陕西、河北、北京、河南、四川、湖南、江西、福建、广西、广东。

十、蛇蛉目 Rhaphidioptera

盲蛇蛉科 Inocelliidae

86. 盲蛇蛉 *Inocellia* sp.

【形态特征】头部近似长方形，在复眼后方仍平行或更宽一些，然后再收缩成颈。复眼半球形凸于头侧，没有单眼。翅无色透明，翅痣内侧及痣内均无横脉。

【习　　性】在树上捕食其他昆虫。

【分　　布】浙江。

十一、鞘翅目 Coleoptera

（一）虎甲科 Cicindelidae

87. 树栖虎甲 *Neocollyris* sp.

【形态特征】体狭长，体长 9 ～ 13 mm，前胸细长，基部及端部有较深缢痕，鞘翅狭长，两侧平行。体蓝绿色，具光泽。前胸及鞘翅被细毛，鞘翅密被刻点。

【习　　性】栖息于草上或低矮灌木上，灵敏警觉，善飞翔。

【分　　布】浙江。

88. 离斑虎甲 *Cosmodela separata* (Fleutiaux)

【形态特征】每鞘翅具 4 个白斑，第 3 对白斑呈横向的波纹状，并且多少分离成 2 个小斑。

【习　　性】栖息于林间小路、开阔地或土坡上。

【分　　布】浙江、山西、河南、安徽、江苏、上海、福建、云南。

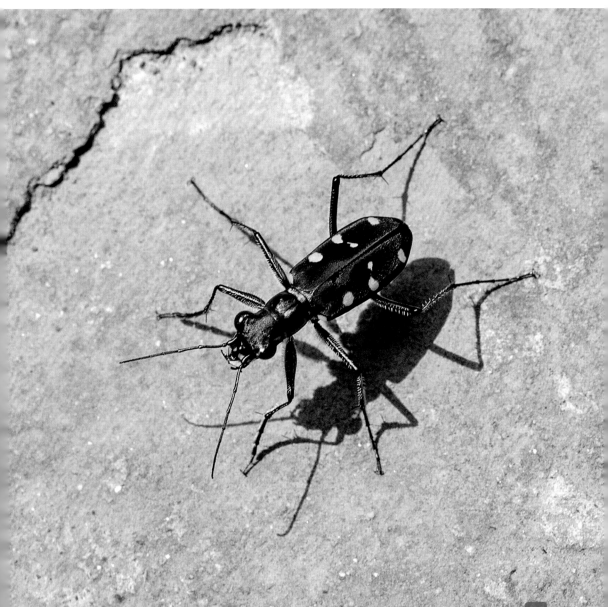

89. 中华虎甲 *Cicindela chinensis* De Geer

【形态特征】体长 18～21 mm，头和前胸背板金属绿色，前胸背板中央区域红铜色。鞘翅底色金属铜色，每鞘翅基部具 2 个几乎相接的深蓝色斑，中后部具 1 个大型深蓝色斑，深蓝色和铜色交接区域金属绿色；鞘翅约 3/5 处具 1 对白色横形斑，鞘翅近末端靠近边缘处具 1 对白色小圆斑，两组白斑均位于大蓝斑区域内。

【习　　性】栖于林间干燥的土路上，行动敏捷，人靠近时便顺着路向前飞行一段距离后停落，故称之为"引路虫"。

【分　　布】浙江、甘肃、陕西、河北、山东、江苏、四川、贵州、江西、福建、广西、广东、云南。

90. 光端缺翅虎甲 *Tricondyla macrodera* Chaudoir

【形态特征】体黑色或黑红色，较光亮；足的腿节除端部外深红色，胫节、跗节黑色或深蓝色且具金属光泽。复眼十分突出。触角细长，丝状，伸达鞘翅肩部，11节。

【习　　性】常发现于草丛中，在草上捕捉猎物。

【分　　布】浙江、西藏、贵州、湖南、福建、云南、广东。

91. 金斑虎甲 *Cosmodela aurulenta* Fabricius

【形态特征】体长 14 ～ 18 mm。头和前胸背板大部铜色至金绿色，眼后沟及前胸背板中线等凹入的区域金属绿色至深蓝色。鞘翅大部深蓝色，翅缝及鞘翅周缘铜色，翅缝处的铜色区域在鞘翅基部及约 1/3 处向两侧扩展；铜色及深蓝色交接的区域略显绿色。每鞘翅各具 4 个白斑，第 1 个极小，位于肩部；第 2 个位于约 1/4 处；第 3 个位于鞘翅中间，最大，呈横向的卵圆形；第 4 个位于 5/6 处，圆形。

【习　　性】栖息于溪流或湖泊附近的细沙地上，雨季也会到林中或田边。

【分　　布】浙江、山东、上海、湖北、四川、贵州、福建、广东、云南。

（二）步甲科 Carabidae

92. 脊青步甲 *Chlaenius costiger* Chaudoir

【形态特征】体长 18 ～ 23 mm。头、前胸背板绿色，带紫铜色光泽；鞘翅墨绿或黑色，带绿色光泽；体腹面及足基节黑褐色，足色变异大，一般腿节、胫节棕红色，二者关节处黑色，跗节棕褐色。前胸背板宽大于长；侧缘稍呈弧形拱出；中线及基凹较深，盘区被细刻点。鞘翅行距隆起成脊，条沟细，沟底有细刻点。

【习　　性】夜间活动，有趋光性。

【分　　布】浙江、陕西、安徽、四川、贵州、湖北、湖南、江西、福建、广西、云南。

（三）龙虱科 Dytiscidae

93. 黄缘龙虱 *Cygister bengalensis* Aube

【形态特征】体长约 35 mm，卵圆形。后足粗壮适于划水，雄性前足跗节强烈膨大。雄性鞘翅光滑，雌性具纵条沟。背面黑色，常具绿色光泽。前胸背板及鞘翅侧缘具黄边，鞘翅黄边基部明显宽于前胸背板的黄边，鞘翅黄边基部最宽，向后渐窄，末端钩状。

【习　　性】生活于水中，捕食水生的蝌蚪、蜗牛和小鱼等小动物。

【分　　布】浙江、北京、福建、广东、云南。

（四）隐翅虫科 Staphylinidae

94. 罗格四齿隐翅虫 *Nazeris rougemonti* Ito

【形态特征】体深棕色，上唇、上颚、足基节、触角基部 2 节红棕色，触角其余各节、下颚须、足腿节至节黄色。

【分　　布】浙江。

（五）锹甲科 Lucanidae

95. 褐黄前锹甲 *Prosopocoilus astacoides blanchardi* (Parry)

【形态特征】两性体色都呈黄褐色或红褐色，雄虫体形细长，个体较大，大颚发达，头部近前缘有 1 对角状突起，易于识别。本种产于云南和贵州南部的亚种多为红褐色，而其他产地多为黄褐色。别称两点赤锹甲。

【习　　性】成虫有明显趋光性，白天常见于有树液流出的树上（榆树、栎树等）。

【分　　布】浙江，华北、华南、西南，台湾。

96. 巨叉深山锹甲 *Lucanus hermani* Delisle

【形态特征】雄性通体棕色，体较细长，不同于一般的扁形锹类，前胸筒状，较鞘翅部窄，头盾发达，有耳状突起，口器部又有一分叉的小叉。

【习　　性】成虫食叶、食液、食蜜。

【分　　布】浙江、四川、贵州、福建、广西、广东、海南。

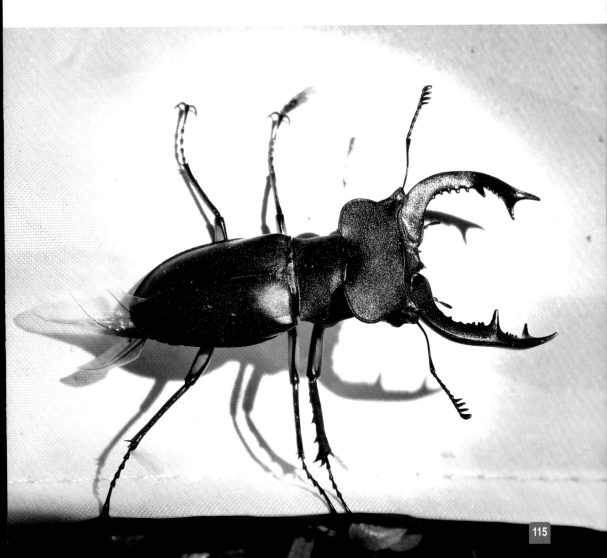

97. 泥圆翅锹甲 *Neolucanus nitidus* Saunders

【形态特征】体长 26 ～ 43 mm。本种近似红圆翅锹形虫，但本种体型稍小；翅鞘光泽度较弱，大部分为黑褐色至黑色，橙褐色翅鞘较少。

【习　　性】白天常在山路或林道地面爬行。

【分　　布】浙江。

98. 中华圆翅锹甲 *Neolucanus sinicus* Saunders

【形态特征】雄虫大颚外缘笔直，端部略内弯，内缘有不规则齿突，约9枚钝齿；前胸背板有侧缘整体圆润，侧边缘有红棕色条纹；鞘翅整体为红棕色，有明显光泽；前足胫节外缘有4枚刺突。

【分　　布】浙江。

99. 派瑞深山锹甲指名亚种 *Lucanus parryi parryi* Boileau

【形态特征】体色呈黑褐色，但鞘翅整体为黄褐色（边缘黑色），也存在少量鞘翅全黑的黑化个体，体背光滑，体腹有少而稀疏的细毛。

【分　　布】浙江、安徽、四川、福建。

100. 天目星锹甲 *Aulacostethus tianmuxing* Huang & Chen

【形态特征】雄虫体长普遍为 24.5 ～ 47 mm，雌虫为 24 ～ 33 mm。雄虫大颚厚实，头部很大，身体躯干较短。复眼下的纹理粗糙，头顶上方有较浅的凹痕，胫节粗短，跗节也较短。

【习　　性】白天潜伏于土中，夜间出来活动，于地上爬行。

【分　　布】浙江。

101. 幸运深山锹甲 *Lucanus fortunei* Saunders

【形态特征】雄虫大颚发达，大颚在基部 1/3 处弯曲，端部分叉，中央部位有大内齿，后方则是连续的小内齿，头扁平且向上突起，前胸背板宽阔呈方形，前足胫节仅有 2～3 个齿突，后足跗节较短，全身没有光泽，体表也没有覆盖细毛，体色和六足均为褐色。

【习　　性】白天潜伏于土中，夜间出来活动，于地上爬行。

【分　　布】浙江、安徽、江西、福建、广东。

102. 库广胫锹甲 *Odontolabis cuvera* Hope

【形态特征】雄虫体长 34 ～ 79 mm，雌虫体长 34 ～ 48 mm。体长变化大，雄性有大、中、小颚 3 种；雄虫体色除鞘翅外缘红褐色外均为深黑色。鞘翅光亮黑色，带美丽的红褐色边缘，此边上端窄，其宽度极少占鞘翅的一半。雌虫除鞘翅外缘红褐色外均为深黑色，头宽为长的近 2 倍，上面凸，具强刻点；眼侧突很宽；上颚短，前胸背板有 2 侧刺，有细小刻点；鞘翅黑色光亮，具细刻点，有红褐色窄边缘。

【习　　性】幼虫以朽木为食。

【分　　布】浙江、贵州、湖北、湖南、福建、云南、广西、广东、海南。

103. 中华大扁锹 *Dorcus titanus platymelus* (Saunders)

【形态特征】雄虫体长 32 ～ 94 mm。体色黑褐色，具光泽，体形稍扁，大型雄虫大颚发达，具齿状排列，小型则无，雌虫 20 ～ 45 mm。雌虫体型较小，翅鞘有光泽，头部具凹凸的刻点。

【习　　性】成虫吸食树液或熟透的果实，幼虫以朽木为食。

【分　　布】中国大部分地区；朝鲜、韩国。

104. 巨锯锹甲 *Serrognathus titanus* Boisduval

【形态特征】大型锹甲。身体长而扁平，纯黑色。

【习　　性】幼虫取食腐木。

【分　　布】浙江、辽宁、江西、河北、江苏、四川、贵州、重庆、湖南、福建、云南、广西、广东。

（六）蜣螂科 Geotrupidae

105. 侧裸蜣螂 *Gymnopleurus* sp.

【形态特征】体中型，粗壮；前足开掘式，鞘翅短阔，基部略宽于前胸，纵沟线浅。缘折于肩后内弯。腹部侧端呈纵脊，直达前端。

【习　　性】成虫善于飞行、趋光。以脊椎动物粪便为食。

【分　　布】浙江、四川、重庆。

106. 中华蜣螂 *Catharsius* sp.

【形态特征】体宽卵圆形，黑色，略有光泽。雄虫头部有 1 基部粗大向上收尖的角突。触角 4 节，前胸背板表面均匀分布细圆疣状刻纹，在中部稍后高高突出成锐形横脊。足短壮。雌虫头顶无角突，而呈横脊状隆起。

【习　　性】以脊椎动物粪便为食。

【分　　布】浙江。

（七）犀金龟科 Dynastidae

107. 双叉犀金龟 *Allomyrina dichotoma* Linnaeus

【形态特征】雄虫体长 44～80 mm，雄虫头上面有 1 个强大双叉角突，分叉部缓缓向后上方弯指。前胸背板中央有 1 个短壮、端部有燕尾分叉的角突，角突端部指向前方。雌虫头上粗糙无角突，额顶横列 3 个（中高侧低）小立突。前胸背板中央前半有"Y"形洼纹。

【习　　性】幼虫栖息于腐殖土内，成虫为灯光吸引。

【分　　布】浙江、辽宁、山东、河南、安徽、江苏、湖北、湖南、江西、福建、台湾。

（八）粪金龟科 Geotrupidae

108. 华武粪金龟 *Enoplotrupes sinensis* Lucas

【形态特征】体亮黑色带蓝绿色、蓝色或紫色金属光泽，触角鳃片状，头部具 1 突起向后弯曲的角，前胸背板具向前突生的两角。体圆，前胸背板宽，小盾片发达，鞘翅条沟不明显，具刻点，体长 25～35 mm。

【习　　性】取食粪便。

【分　　布】浙江、西藏、四川、重庆、湖北、湖南、福建。

（九）金龟科 Scarabaeidae

109. 粉歪鳃金龟 *Cyphochiclus farinosus* Waterhouse

【形态特征】体小型，呈长椭圆形；体色银灰色；头部口器为唇基遮盖，背面不可见。前胸稍狭于或等于翅基之宽，中胸后侧片于背面不可见。小盾片显著。鞘翅缝肋发达。

【习　　性】为害作物根部。

【分　　布】浙江、江苏、安徽、湖南、江西、福建、广西、云南。

110. 栗鳃金龟 *Melolontha* sp.

【形态特征】大型甲虫。雄体狭长，雌体较短阔。体黑色、黑褐色或深褐色，常有墨绿色金属光泽。鞘翅、触角及各足跗节以下棕色或褐色，鞘翅边缘黑色。

【习　　性】幼虫为害大田作物。

【分　　布】浙江。

111. 大云鳃金龟 *Polyphylla laticollis* Lewis

【形态特征】成虫体长 31 ～ 38.5 mm，宽 15.5 ～ 19.8 mm。体大型，长椭圆形，背面相当隆拱。栗褐至深褐色。头、前胸背板及足色泽常较深，鞘翅色较淡，其上面被有各式白色或乳白色鳞片组成的斑纹。

【习　　性】黄昏时飞出活动，求偶、取食。

【分　　布】浙江、内蒙古、黑龙江、吉林、辽宁、陕西、山西、河北、山东、河南、安徽、江苏、四川、福建、云南。

112. 紫罗花金龟 *Rhomborrhina* sp.

【形态特征】体长 25 ～ 32 mm。体蓝紫色且有光泽，足红棕色。

【分　　布】浙江、江西。

113. 鹿角花金龟 *Dicronocephalus* sp.

【形态特征】体长 23～26 mm，体中大型，略呈卵圆形。体黄色或棕黄色，体表被黄色或黄白色霉状层，常常腹面比背面厚。前胸背板中部有 1 对黑色光泽带。雄虫唇基发达，呈鹿角状。雌虫不发达。

【习　　性】成虫取食树汁。

【分　　布】中国大部分地区。

114. 绿罗花金龟 *Rhomborrhina unicolor* Motschulsky

【形态特征】体长 24 ～ 27 mm，宽 12.5 ～ 13.4 mm。体形较狭长，翠绿鲜艳，体下微泛杏红色，唇基边缘、鞘翅外缘、胫节顶端、跗节等几乎各部分的交接处和触角均为深褐色或黑褐色。

【习　　性】成虫取食树汁。

【分　　布】浙江、甘肃、山东、河南、安徽、江苏、四川、贵州、湖北、湖南、江西、福建、广西、广东、海南、台湾。

115. 日伪阔花金龟 *Pseudotorynorrhina japonica* Hope

【形态特征】体长 24～26 mm，体色呈均一的黑褐色、蓝紫色、橙红色或铜绿色，体表釉亮。体形廋长，体背不具毛斑。

【习　　性】成虫取食树汁。

【分　　布】浙江。

（十）叩甲科 Elateridae

116. 朱肩丽叩甲 *Campsosternus gemma* Candeze

【形态特征】体长 36 mm。体金属绿色，带铜色光泽，前胸背板两侧（后角除外）、前胸侧板、腹部两侧及最后两节间膜红色，上颚、口须、触角、跗节黑色。头顶凹陷。前胸背板宽大于长，表面具细刻点，后角宽，端部下弯。鞘翅侧缘上卷，表面具细刻点及弱条痕。

【习　　性】成虫发生期为 6—8 月，多见于林区，有趋光性。

【分　　布】浙江、安徽、江苏、四川、贵州、湖北、湖南、江西、福建、台湾。

117. 丽叩甲 *Campsosternus auratus* (Drury)

【形态特征】体长 38～43 mm。体金属绿色至蓝绿色，带铜色光泽，极其光亮，触角、跗节黑色，爪暗褐色。头宽，额具三角形凹陷，触角扁平，第 4～10 节略呈锯齿状，到达前胸基部。前胸背板长宽近等，表面不突起，后缘略凹。鞘翅肩部凹陷，末端尖锐，表面有刻点及细皱纹。跗节腹面具绒毛。

【习　　性】成虫发生期为 6—8 月，见于树干上。

【分　　布】浙江、四川、贵州、湖北、湖南、江西、福建、云南、广西、广东、海南、台湾。

118. 眼纹斑叩甲 *Cryptalaus larvatus* (Candeze)

【形态特征】体长 27 mm，体形狭长，近长方形。灰褐色，密被有灰白、黑色、淡黄色的鳞片扁毛形成的斑纹。前胸背板中央偏前具 2 深色小斑，鞘翅中部外侧具 2 长方形深色眼斑。触角前脊突出，触角略呈齿状。前胸背板长大于宽，中部有纵脊。小盾片五边形。鞘翅肩部凹凸不平，端部斜截，表面具条纹。

【习　　性】成虫有趋光性，幼虫于树干或朽木中捕食其他甲虫幼虫。

【分　　布】浙江、江苏、四川、湖南、江西、福建、广西、广东、海南、台湾。

（十一）花萤科 Cantharidae

119. 丽花萤 *Themus* sp.

【形态特征】灰褐色，密被有灰白、黑色、淡黄色的鳞片扁毛形成的斑纹。前胸背板中央偏前具2深色小斑。触角前脊突出，触角略呈齿状。前胸背板长大于宽，中部有纵脊。小盾片五边形。

【习　　性】成虫有趋光性，幼虫于树干或朽木中捕食其他甲虫幼虫。

【分　　布】浙江。

（十二）吉丁甲科 Buprestidae

120. 桃金吉丁 *Chrysochroa fulgidissima* (Schoenh)

【形态特征】体长 28 mm，宽 12 mm，色泽鲜艳。前胸背板及鞘翅表面两侧各具 1 条紫红色宽纵带。头短，前胸背板表面两侧布满致密的粗刻点，紫红色纵带上无刻点，中央纵向区域光滑发亮。

【习　　性】寄主为桃、樱、栎等。

【分　　布】浙江、湖南、江西、福建、广西、广东。

（十三）掣爪泥甲科 Eulichadidae

121. 掣爪泥甲 *Eulichas* sp.

【形态特征】体长 20～35 mm。体灰褐色至黑褐色，鞘翅表面通常带有灰白色毛被形成的花纹。体长形；头较小，雌虫触角丝状，雄虫触角略栉状至较明显的栉状；前胸背板梯形；鞘翅长，末端渐尖；跗节 5-5-5，末跗节长于前 4 节之和。

【习　　性】幼虫水生，发现于溪流中的落叶之中；成虫栖息于水边，有趋光性。

【分　　布】浙江。

（十四）拟叩甲科 Languriidae

122. 拟叩甲 *Paederolanguria* sp.

【形态特征】头、胸为单纯的橙红色，翅鞘黑色具明显的刻点及纵向条纹，各足橙红色，腿节与胫节间具黑斑较特殊。

【分　　布】浙江。

123. 拟叩甲 *Tetralanguria* sp.

【形态特征】体长约 15 mm。体蓝黑色，前胸背板橙红色，基缘及前缘中部具黑色斑纹。触角较粗，端部 4 节强烈膨大，形成明显的宽扁的端锤；前胸背板圆形，表面隆起且光洁；鞘翅向后略变窄，端部锯齿状；足较强壮，跗节 1 ～ 3 节加宽成双叶状。

【习　　性】成虫栖息于植物上。

【分　　布】浙江。

（十五）瓢虫科 Coccinellidae

124. 七星瓢虫 *Soccinella septempunctata* Linnaeus

【形态特征】体长 5 ～ 7 mm，宽 4 ～ 6 mm。体周缘卵形，背面强度拱起，无毛。前胸背板黑色，两侧前半部具近方形的黄色斑纹。鞘翅鲜红色，具 7 个黑斑，其中位于小盾片下方的小盾斑被鞘缝分割成左右各一半，其余每 1 鞘翅上各有 3 个黑斑。小盾斑前侧各具 1 个灰白色三角形斑。

【习　　性】取食大豆蚜、棉蚜、玉米蚜等。见于草地及农地，也见于树林及灌木。

【分　　布】全国各地。

（十六）拟步甲科 Tenebrionidae

125. 朽木甲 *Cteniopinus* sp.

【形态特征】体长 11 ～ 14 mm。体鲜黄色，触角、各足腿节末端、胫节、跗节黑色；体壁较软。头部长，复眼小而圆，触角丝状，长于体长之半；前胸背板盾形；鞘翅长形，隆起，具纵条沟，表面具细绒毛；各足细长，爪具齿。

【习　　性】成虫栖息于植物上。

【分　　布】浙江、四川。

126. 拱釉甲 *Andocamaria* sp.

【形态特征】体长 24 ～ 28 mm。体黑色，具强烈铜色金属光泽。头顶宽，具密刻点，触角短于体长之半，末 4 节略加粗；前胸背板梯形，中线浅，具细密刻点；鞘翅宽于前胸背板基部；末端尖，条沟底具细密刻点，行距间隆起且光洁，鞘翅末端光洁行距逐渐变窄；各足细长。

【习　　性】成虫见于树干上，夜间趋光；幼虫蛀木。

【分　　布】浙江。

（十七）芫菁科 Meloidae

127. 毛角豆芫菁 *Epicauta hirticornis* Haag-Rutenberg

【形态特征】体长 11.5 ～ 21.5 mm；体宽 3.6 ～ 6 mm。身体和足完全黑色，头红色，鞘翅乌暗无光泽；腿节和胫节上面具有灰白色卧毛，鞘翅外缘和端缘有时也镶有很窄的灰白毛。

【习　　性】幼虫捕食蝗虫卵。

【分　　布】浙江、内蒙古、新疆、黑龙江、山东、河北、江苏、湖北。

（十八）天牛科 Cerambycidae

128. 黄斑星天牛 *Anoplophora nobilis* Gangibaeur

【形态特征】成虫体长 14～40 mm，宽 6.8～12 mm，雌虫较雄虫肥大。全体黑色，前胸背板和鞘翅具较强光泽，有的略带古铜或青绿等光泽。翅面上毛斑大小不等，排成不规则的 5 横行，第 1、2、3、5 行常各为 2 斑，第 4 行 1 斑，第 1、5 两行斑较小，第 3 行 2 斑接近或愈合为最大斑。腹面及足密被青灰色绒毛。触角第 3 节基部及以后各节基半部青灰色。

【习　　性】白天活动，晚上静息。

【分　　布】浙江、内蒙古、黑龙江、青海、北京、河南、安徽、贵州、湖北。

129. 星天牛 *Anoplophora chinensis* Forster

【形态特征】体翅黑色，每鞘翅有多个白点。体长 50 mm，头宽 20 mm。体色为亮黑色；前胸背板左右各有 1 枚白点；翅鞘散生许多白点，白点大小个体差异颇大。

【习　性】中午多停息枝端。

【分　布】浙江、吉林、辽宁、甘肃、陕西、山西、河北、山东、安徽、江苏、四川、贵州、湖北、湖南、江西、福建、云南、广西、广东、海南、台湾。

130. 竹红天牛 *Purpuricenus temminckii* Guerin

【形态特征】体长 11.5 ～ 18 mm，宽 4 ～ 6.5 mm。头、触角、足及小盾片黑色，前胸背板及鞘翅朱红色。头短，雌虫触角接近鞘翅后缘，雄虫触角约为体长的 1.5 倍。前胸背板宽约为长的 2 倍，其 5 个黑斑中近后缘的 3 个较小，两侧各有 1 显著的瘤状侧刺突。鞘翅两侧缘平行，胸部和翅面密布刻点。

【习　　性】主要寄主为竹。

【分　　布】浙江、河北、河南、江苏、四川、贵州、湖北、湖南、江西、福建、云南、台湾。

131. 云斑天牛 *Batocera horsfieldi* Hope

【形态特征】体黑褐色或灰褐色，密被灰褐色和灰白色绒毛。雄虫触角超过体长 1/3，雌虫触角略比体长，各节下方生有稀疏细刺，第 1~3 节黑色具光泽，有刻点和瘤突，前胸背有 1 对白色臀形斑，侧刺突大而尖锐，小盾片近半圆形。每个鞘翅上有白色或浅黄色绒毛组成的云状白色斑纹，2 ～ 3 纵行末端白斑长形。鞘翅基部有大小不等颗粒。

【习　　性】啃食嫩枝皮层和叶片。

【分　　布】浙江、陕西、河北、江苏、上海、安徽、四川、湖北、湖南、江西、福建、云南、广西、广东、台湾。

（十九）三栉牛科 Trictenotomidae

132. 达氏三栉牛 *Trictenotoma davidi* Deyrolle

【形态特征】上颚强大；触角 11 节，先端 3 节膨大呈锯齿状；眼幅广，前缘弯曲；前胸背板基部略狭于鞘翅，前胸侧缘略有尖齿状突起；前、后足基节横形，前基节窝开口，跗节略圆。

【分　　布】浙江。

（二十）叶甲科 Chrysomelidae

133. 黑守瓜 *Aulacophora* sp.

【形态特征】成虫全身极光亮；头部、前胸节和腹部橙黄色至橙红色，上唇、鞘翅、中胸和后胸腹板、侧板以及各足均为黑色；触角烟熏色，基部两节或末端数节有时色泽较淡。

【习　　性】为害各种瓜类。

【分　　布】浙江。

134. 宽缘瓢萤叶甲 *Oides maculatus* (Olivier)

【形态特征】体长 9 ~ 13 mm，体宽 8 ~ 11 mm。体卵形，黄褐色，触角末端 4 节黑褐色；前胸背板具不规则的褐色斑纹，有时消失；每个鞘翅具 1 条较宽的黑色纵带，其宽度略宽于翅面最宽处的 1/2，有时鞘翅完全淡色；后胸腹板和腹部黑褐色。雄虫腹部末节三叶状，中叶略近方形，端缘平直。

【习　　性】取食葡萄。

【分　　布】浙江、陕西、安徽、江苏、四川、贵州、湖北、湖南、江西、福建、云南、广西、广东、台湾。

（二十一）负泥虫科 Crioceridae

135. 红胸负泥虫 *Lema fortunei* Baly

【形态特征】体长 6 ～ 8.2 mm，宽 3 ～ 4 mm。头、前胸背板及小盾片血红或棕红，鞘翅蓝色具金属光泽。触角除第 1 节棕红外，全部黑色。体腹面及足棕红，但跗节黑色，胫、腿节部分黑色。

【习　　性】取食寄主叶片。

【分　　布】浙江、陕西、河北、山东、安徽、江苏。

136. 紫茎甲 *Sagra femorata purpurea* Lichtenstein

【形态特征】体长 8 ～ 22 mm，体粗壮。体表有光泽，体色多变，以紫色居多，亦有偏红、偏绿或黑色的个体出现。头部刻点细密，前胸背板及鞘翅光洁无刻点，前胸背板方形，鞘翅宽大；后足腿节发达，雌雄差异较大，雄虫后腿节末端远超过鞘翅末端，端部腹面具 2 齿，外齿较大；后胫节弯曲，外缘凹口较深。

【习　　性】幼虫于植株茎内取食及生长，其所在部位膨大成虫瘿。寄主为多种豆科植物及甘蔗等。

【分　　布】浙江、安徽、四川、湖北、湖南、江西、福建、云南、广西、广东、海南。

（二十二）铁甲科 Hispidae

137. 甘薯蜡龟甲 *Laccoptera quadrimaculata* (Thunberg)

【形态特征】成虫体长约 8 mm，体近三角形。蜡黄色至棕褐色，前胸背板中部通常有 2 个小黑斑，鞘翅盘区有数个黑斑，敞边近肩角处及中后部翅缝处各具黑斑。鞘翅基部远宽于前胸背板；肩角强烈向前延长，到达前胸背板中部；敞边较宽，鞘翅中部强烈隆起。

【习　　性】重要的甘薯害虫，除甘薯外还为害旋花科的牵牛花等植物。

【分　　布】浙江，华北、华中、华南、西南。

（二十三）三锥象科 Brentidae

138. 宽喙锥象 *Baryrhynchus poweri* Roelofs

【形态特征】体长 10 ～ 23 mm。体红棕色，鞘翅棕黑色具鲜黄色斑纹；体略扁平；雄性喙短宽，上颚发达，雌虫喙细长；触角丝状，较粗，约为体长的 1/3；前胸背板光滑；鞘翅具粗大刻点。

【习　　性】栖息于阔叶树枯木的树皮下，夜晚具趋光性。

【分　　布】浙江及中国南方地区。

（二十四）卷象科 Attelabidae

139. 栎长颈象甲 *Paracycnotrachelus longiceps* (Motschulsky)

【形态特征】体红褐色，呈金属光泽，光滑无毛。头及胸部深红褐色。雌虫较雄虫略小。触角共 12 节。触角柄节长杆形，索节 1 球杆状，色泽最深，3～8 节倒圆锥形，棒细长。

【习　　性】为害柞树嫩叶。

【分　　布】浙江、黑龙江、吉林、辽宁、山西、河北、山东、河南、安徽、江苏、四川、贵州、湖北、江西、云南、广东、海南、香港。

（二十五）象甲科 Curculionidae

140. 松瘤象 *Sipalinus gigas* (Fabricius)

【形态特征】体长 15 ～ 25 mm。体黑色，但密被灰白色鳞毛，因此通常呈灰色。体壁十分坚硬；喙较发达，触角短，最末 1 节膨大，末节具黑色及白色环纹；前胸背板具粗大瘤突，中线附近较光滑；鞘翅具略小的瘤突及刻点。

【习　　性】幼虫蛀食多种阔叶及针叶树的枯木。

【分　　布】浙江及中国南方地区。

141. 黑瘤象 *Phymatapoderus latipennis* Jakel

【形态特征】体漆黑有光泽，触角、足（除后足腿节端部 1/3 外）和臀板周缘为黄色。头短，基部缩窄，头顶光滑，无刻点，中沟细；喙长约等于宽，端部放宽，密布刻点；触角着生于喙基，柄节棒状。

【习　　性】成虫卷叶成筒状，产卵于其中。

【分　　布】浙江、黑龙江、辽宁、江苏、湖北、江西、福建、云南、广西。

142. 淡灰瘤象 *Dermatoxenus caesicollis* (Gyllenhyl)

【形态特征】体长 14 mm 左右；卵形，黑色，密被淡灰色鳞片，散布倒状鳞片状毛；鞘翅基部略宽于前胸基部，向后逐渐放宽，翅坡最宽，翅坡以后突然缩窄，基部中间黑，和前胸基部的黑斑连成一个三角形黑斑。

【习　　性】为害树干。

【分　　布】浙江、安徽、江苏、四川、湖北、湖南、江西、福建、云南、广西、台湾。

十二、长翅目 Mecoptera

蝎蛉科 Panorpidae

143. 金华蝎蛉 *panorpa* sp.

【形态特征】成虫体中型、细长。头向腹面延伸呈宽喙状；口器咀嚼式，位于喙的末端；触角长，丝状。翅2对、膜质，前、后翅大小、形状和脉序相似，翅脉接近原始脉相；有时翅退化或消失。尾须短，雄虫有显著的外生殖器，膨大呈球状，并上举，状似蝎尾。

【习　　性】杂食性，主要取食小昆虫，但也取食花蜜、花粉花瓣、果实和苔藓作为补充食物。

【分　　布】浙江。

十三、鳞翅目 Lepidoptera

（一）斑蛾科 Zygaenidae

144. 李拖尾锦斑蛾 *Elcysma westwoodi* Vollenhorven

【形态特征】翅展 70 mm 左右；体黄白色半透明，头、胸部黑色；前后翅均淡黄，半透明，翅脉淡黄，外侧黑且有光泽；后翅带有较长的尾突。

【习　　性】寄主为李、梅、苹果、樱桃等。

【分　　布】浙江，东北、西南。

145. 马尾松锦斑蛾 *Campylotes desgodinsi* Oberthur

【形态特征】翅展约72 mm。头、胸及腹蓝黑色，腹部下方有黄色带。前翅蓝黑色，前缘以下有2条红色长带，中室下侧有3条黄线，Cu_1和Cu_2脉间有1红斑，中室末端有1白点及6个白斑。后翅蓝黑色，沿前缘有1红带，中室内有2红斑及4个红黄斑，中室以下有5个红黄斑。

【习　　性】幼虫为害马尾松。

【分　　布】浙江、西藏、四川、云南。

（二）网蛾科 Thyrididae

146. 黑线网蛾 *Rhodoneura* sp.

【形态特征】两眼间无颜毛；有喙；前足胫节有胫突；后足胫节比跗节总长要短，有 2 对距或 1 对端距；前翅近前缘的翅脉行间有金黄色闪光的黑鳞片及黑色线纹；爪形突简单，有颚形突。

【分　　布】浙江。

（三）尺蛾科 Geometridae

147. 星尺蛾 *Percnia* sp.

【形态特征】头部黄色，有小黑斑，前、后翅均白色，且密布许多黑褐色斑点，以外缘部分较密。复眼及触角黑褐色。触角丝状、前胸背板黄色，有1近三角形黑色斑纹。腹部金黄色，有不规则的黑色纹；背面有灰褐色斑纹。后足有距2对。

【习　　性】具有趋光性，昼伏夜出，静伏于树干、小枝或岩石上，双翅平放。

【分　　布】浙江。

（四）钩蛾科 Drepanidae

148. 镰茎白钩蛾 *Ditrigona cirruncata* Wilkinson

【形态特征】翅长 14～18 mm，体长 10～12 mm。头白色；翅正反面均白色，
微有光泽；前翅正面前缘基部白色，内线及外线均呈波浪形，外线向内弯曲，中
室上有 1 小暗点，另有 1 点较淡，外缘有 6 个小黑点，后翅与前翅同；前翅反面
中室上有 2 个点，后翅中室上也有 2 个点。

【分　　布】浙江、四川、湖北、湖南、江西、广东。

149. 铃钩蛾 *Macrocilix* sp.

【形态特征】双翅为白色半透明，前后翅各有1个球形斑，并有1条纹相连，呈哑铃状。前翅顶端平圆。触角为双栉状，喙发达。

【分　　布】浙江。

（五）大蚕蛾科 Saturniidae

150. 长尾大蚕蛾 *Actias dubernardi* (Oberthür)

【形态特征】翅展 90～120 mm。雌、雄蛾色彩完全不同，雄蛾体橘红色，翅杏黄色为主，外缘有很宽的粉红色带；雌蛾体青白色，翅粉绿色为主；雌、雄蛾前翅中室带有眼状斑，后翅均有 1 对非常细长的尾突，且尾突都带有粉红色。

【习　　性】1 年发生 2 代，成虫 4 月及 7 月出现，以蛹在附着于枝条上的茧中过冬。

【分　　布】浙江、甘肃、陕西、河北、北京、安徽、四川、重庆、贵州、湖北、湖南、江西、福建、云南、广西、广东、海南。

151. 银杏大蚕蛾 *Dictyoploca japonica* Butler

【形态特征】翅长 50 ～ 60 mm，体长 25 ～ 30 mm。头灰褐色，触角黄褐色，雄长双栉形，雌栉齿形，身体灰褐色至紫褐色，肩板与前胸间有紫褐色横带，胸部有较长的黄褐色毛，腹部各节间色稍深，两侧及端部有较长的紫褐色毛；前翅顶角外突，顶端钝圆，内侧近前缘处有肾形黑斑。

【习　　性】幼虫取食银杏等寄主植物的叶片成缺刻或食光叶片。

【分　　布】浙江、黑龙江、吉林、辽宁、陕西、河北、山东、四川、贵州、湖北、湖南、江西、广西、广东、海南、台湾。

152. 角斑樗蚕 *Archaeosamia watsoni* Oberthür

【形态特征】翅展 132 mm，体棕色，颈板土黄色，腹部两侧及第 1 节背板有污黄色斑，下方有黑色圆斑，两斑之间有黑色闪纹相连，内线土黄色不甚显著，外线白色较狭，外侧紫粉，内侧棕黑，中室月形斑向外伸的一端较尖，中部向上隆起；外缘线齿状，呈两齿并列与另两齿间稍隔开；后翅与前翅相同，仅中室斑弯度大。

【分　　布】浙江、陕西、江苏、四川、重庆、江西、福建、广西、广东、台湾。

（六）天蛾科 Sphingidae

153. 葡萄天蛾 *Ampelophaga rubiginosa* Bremer et Grey

【形态特征】成虫体长 45 mm 左右，翅展 85～100 mm，体肥大，茶褐色。体背中央从前胸至腹部末端有 1 条灰白色纵线。前翅有多条暗茶褐色横线，中横线较宽，内横线稍细，外横线细且呈波状，前缘近顶角处有 1 暗色三角形斑。

【习　性】有趋光性，傍晚飞舞交尾。

【分　布】浙江、宁夏、陕西、山西、河北、山东、河南、江苏、四川、贵州、湖北、江西、安徽、广东。

（七）舟蛾科 Notodontidae

154. 核桃美舟蛾 *Uropyia meticulodina* Oberthür

【形态特征】头部赭色；颈板和腹部灰褐黄色；胸部背面暗棕色。前翅暗棕色，前、后缘各有 1 块黄褐色大斑（有些标本为黄白色），前者呈大刀形，后者半椭圆形，每斑内各有 4 条衬明亮边的暗褐色横线；横脉纹暗褐色。后翅淡黄色，后缘稍较暗，脉端缘毛较暗。

【习　　性】寄主胡桃。

【分　　布】浙江、吉林、陕西、北京、山东、江苏、湖北、湖南、江西、福建。

155. 著蕊舟蛾 *Dudusa nobilis* **Wallker**

【形态特征】头暗褐色；颈板和胸背褐黄色，前胸中央有 2 黑点，冠形毛簇和腹背基毛簇端部黑色，中、后足胫节末端具白环。腹背黑褐色，每节中央黄白色，臀毛簇和匙形毛簇黑色和暗红褐色。前翅黄褐偏棕色，基部黄白色有 3 个小黑点。

【习　　性】寄主荔枝。

【分　　布】浙江、陕西、北京、湖北、广西、海南、台湾。

（八）毒蛾科 Lymantriidae

156. L 纹灰毒蛾 *Lymantria umbrifera* Wileman

【形态特征】展翅 32 ～ 50 mm，雄蛾前翅灰褐色，中室端有 1 枚圆形的斑点，横脉具 1 枚"L"形斑纹，雌蛾前翅灰白色，斑纹较疏，色泽较浅。

【习　　性】幼虫寄主枫树。

【分　　布】浙江。

157. 小点白毒蛾 *Arctornis cygna* (Moor)

【形态特征】中小型，翅面灰白色，翅面中央各有 1 枚黑色斑点。

【习　　性】幼虫寄主植物为茶科的大头茶。

【分　　布】浙江。

（九）灯蛾科 Arctiidae

158. 红腹白灯蛾 *Spilarctia subcarnea* (Walker)

【形态特征】成虫体长约 20 mm，翅展 45～55 mm。体、翅白色，腹部背面除基节与端节外皆红色，背面、侧面具黑点列。前翅外缘至后缘有 1 斜列黑点，两翅合拢时呈"人"字形，后翅略染红色。

【习　　性】幼虫食叶，把叶吃成孔洞或缺刻；成虫有趋光性。

【分　　布】浙江，华东、华南、华北、西南。

159. 雪苔蛾 *Chionaema* sp.

【形态特征】头、胸、腹白色，触角除基部外褐色，颈板具黑边；前翅具3枚分离的大黑斑，翅面具4条横带；前足胫节、跗节前面大多数完全黑褐色。

【分　　布】浙江。

（十）凤蝶科 Papilionidae

160.青凤蝶 *Graphium sarpedon* (Linnaeus)

【形态特征】无尾突，前翅只有1列与外缘平行的蓝绿色斑块形成蓝色宽带，此外没有任何中室斑及亚外缘斑，据此可与同属其他蝶种区分。

【习　　性】飞行迅速，访花，常见于水边及在树冠处快速飞翔。为常见凤蝶，城市也经常见到。

【分　　布】浙江，华南、西南、中南、华东。

161. 黎氏青凤蝶 *Graphium leechi* Rothschild

【形态特征】与碎斑青凤蝶非常近似，尤其两种在后翅反面前缘基部的橙斑大小和位置上都有一些个体变异。两者稳定的区分在于：黎氏青凤蝶前翅近后缘的 2个斑条明显狭长，后翅第 7 室狭窄导致该翅室的斑块明显比碎斑青凤蝶狭窄。

【习　　性】多见访花。

【分　　布】浙江、四川、江西、福建、云南。

162. 宽带青凤蝶 *Graphium cloanthus* (Westwood)

【形态特征】尾突长，前翅仅中间 1 列宽大的浅绿色斑块形成的中带，无亚缘斑列，后翅除中带外另有 1 列亚外缘斑列。

【习　　性】常见于水边。

【分　　布】浙江，华东、华南、中南、西南。

163. 碎斑青凤蝶 *Graphium chironides* (Honrath)

【形态特征】无尾突，前翅除中间 1 列蓝绿色斑块外，另有中室斑列及亚外缘斑列，后翅中室两侧都有很粗的黑边，据此可与大多数同属凤蝶区分。

【习　　性】飞行迅速，访花，也常见于水边吸水。

【分　　布】浙江、四川、江西、福建、广西、广东、海南。

164. 四川剑凤蝶 *Pazala sichuanica* Koiwaya

【形态特征】翅展 51～55 mm。体黑褐色，具淡黄色毛。翅淡黄色，很薄；前翅基部及亚基区黑褐色带直到后缘，中室中、端部及端外 5 条短横带不出中室即终止，亚外缘 2 条带到后缘合并；外缘区黑褐色。后翅近基部和中部从前缘开始的 2 条斜横带到亚臀角内侧黄斑处汇合，亚外缘区 2 条黑褐带及外缘 1 条到尾突基区汇合成黑褐色区，边缘有 3 条新月形蓝色细斑纹；中室端横脉与斜带构成一个明显的小室。

【习　　性】成虫 4—5 月出现，在山区路旁和稀疏的林地活动。

【分　　布】浙江、四川、陕西。

165. 穹翠凤蝶 *Papilio dialis* Leech

【形态特征】成虫翅黑色，满布青绿色或草黄色鳞。前翅多浅色条。后翅色较浓黑，外缘有 6 个飞鸟形粉红色斑，但多不明显，臀角红斑环形。体色鲜绿色，胸部有黑色细线组成的云状纹。腹部有黄色的小斑点，第 5 腹节背面有 1 对显著的白色斑纹。

【习　　性】幼虫喜食芸香科植物。

【分　　布】浙江、江西、福建、广西、台湾。

166. 绿带翠凤蝶 *Papilio maackii* Ménétriès

【形态特征】形似于碧凤蝶，但该蝶前翅较狭长。分北方型和南方型：北方型前后翅正面有明显较亮的横带纹，可与碧凤蝶区分；南方型雄蝶前翅表面的性标较碧凤蝶发达，两性正面后翅的蓝绿色鳞片扩散较窄，较远离亚外缘斑。

【习　　性】常见访花和吸水。

【分　　布】浙江，东北、华北、华东、西南。

167. 金凤蝶 *Papilio machaon* Linnaeus

【形态特征】翅金黄色带黑斑，有细小的尾突。前翅正中室基半部具有细小的颗粒状黑点，后翅臀角黄斑内无黑点瞳点。本种是世界上最广泛的凤蝶，地理分化较多，国内有 10 多个有效亚种。

【习　　性】常见于山巅、山谷、草原和草甸地带以及农田。

【分　　布】浙江；世界各地。

168. 玉带凤蝶 *Papilio polytes* Linnaeus

【形态特征】雄蝶后翅有横向的白斑列。雌蝶多型，常见的白斑型拟态有毒的红珠凤蝶，但可根据翅形较宽短及腹部没有红色鳞来区别，还可根据后翅反面内缘红斑与臀角红斑大多相连以及外缘红斑在前角处较大来区分。

【习　　性】常见访花。

【分　　布】浙江，华北、华东、华南、中南、西南。

169. 蓝凤蝶 *Papilio protenor* Cramer

【形态特征】翅黑色并具有蓝色天鹅绒光泽，雄蝶后翅正面前缘处有1个新月形
白斑，后翅反面近前角处至少有2个月牙状红斑，臀角处有1个红斑。

【习　　性】常沿山路飞行，访花，也常在水边吸水。

【分　　布】浙江，华东、华南、中南、西南。

170. 柑橘凤蝶 *Papilio xuthus* Linnaeus

【形态特征】体、翅的颜色随季节不同而变化，翅上的花纹黄绿色或黄白色。前翅中室基半部有放射状斑纹 4～5 条，到端部断开几乎相连，端半部有 2 个横斑；外缘排列十分整齐而规则。后翅基半部的斑纹都是顺脉纹排列，被脉纹分割；在亚外缘区有 1 列蓝色斑，有时不十分明显；外缘区有 1 列弯月形斑纹，臀角有 1 个环形或半环形红色斑纹。翅反面色稍淡，前、后翅亚外区斑纹明显，其余与正面相似。

【习　　性】国内最常见的凤蝶之一，甚至在城市的绿化带也经常见到。

【分　　布】遍布全国各地。

171. 碧凤蝶 *Papilio bianor* Cramer

【形态特征】易与绿带翠凤蝶南方型混淆，但前翅较宽短，前角略钝，雄蝶前翅
正面第 2 脉上的性标与第 3 脉上的性标不连接，后翅正面的金属光泽的绿色鳞片
扩散较广，几达亚外缘斑。

【习　　性】常见访花或吸水，为南方最常见凤蝶之一。

【分　　布】浙江、西藏、甘肃、陕西、河南、重庆、台湾。

172. 美凤蝶 *Papilio memnon* Linnaeus

【形态特征】大型凤蝶，雄蝶无尾突，类似蓝凤蝶，但后翅更宽大，正面后翅臀角无红斑，前缘无白色区，反面后翅前角无红斑，反面前后翅基部有红斑。雌蝶多型，尾突可有可无，后翅宽大且中域有白斑。

【习　　性】南方常见的大型凤蝶，访花，也常在水边吸水。

【分　　布】浙江，华东、华南、中南、西南。

173. 小黑斑凤蝶 *Chilasa epycides* Hewitson

【形态特征】整体色彩较黑，翅面与翅里斑纹类似，都有沿翅脉方向的黄白色线纹，中室内也有纵向的黄白色线纹且直到中室端而不中断，后翅臀角处有单个黄斑。

【习　　性】1年1代，早春发生，喜访花。

【分　　布】浙江，华东、华南、中南、西南。

174. 灰绒麝凤蝶 *Byasa mencius* Felder et Felder

【形态特征】两性翅黑褐色，前翅较后翅淡，雌比雄色淡。春季标本较夏季标本后翅短。雄蝶后翅后缘翅折中的鳞毛白色或灰色，并富有光泽；红色亚缘新月纹更大。雄性抱器有两个相近的突起。

【习　　性】成虫喜访花吸蜜，常在林间飞舞。

【分　　布】浙江。

175. 冰清绢蝶 *Parnassius glacialis* Butler

【形态特征】翅近乎全白，也有黑化个体出现，无任何红斑，前翅中室及亚外缘
有不清晰的灰色斑带。该蝶与白绢蝶近似，区分在于个体较大，雄蝶颈部及腹侧
有明显的橙黄色毛，雌蝶臀袋明显较短。

【习　　性】飞翔缓慢，常见于林间草地，有时也沿山路飞翔。

【分　　布】浙江，东北、华北、华东、西北。

（十一）粉蝶科 Pieridae

176. 圆翅钩粉蝶 *Gonepteryx amintha* (Blanchard)

【形态特征】体型较大，且前后翅尖角较钝，雄蝶正面翅色橙黄显著，雌蝶则为白色，两性后翅反面中室前脉及第7脉膨大极为明显。

【习　　性】多见访花或吸水。

【分　　布】浙江、西藏、台湾。

177. 黑纹粉蝶 *Pieris erutae* Poujade

【形态特征】正反面前后翅的翅脉都为暗色或黑色，春型个体反面黑纹更粗大。
类似于大展粉蝶，但该蝶个体明显较小，斑纹较不清晰，后翅反面中室内常有纵
向的线纹。

【习　　性】多在林间以及林间开阔地活动，平原地区很难见到，常访花。

【分　　布】浙江，华东、中南，西藏，西南。

178. 东方菜粉蝶 *Pieris canidia* (Sparrman)

【形态特征】与菜粉蝶相似，都是白底配黑点，区分在于该蝶个体较大，后翅正面外缘翅脉端有黑斑，而菜粉蝶翅脉端无黑斑。

【习　　性】山区和平原地区都能见到，常见访花。

【分　　布】浙江，华北、华东、华南、西南、中南。

179. 北黄粉蝶 *Eurema mandarina* (de l'Orza)

【形态特征】展翅 35 ～ 45 mm，体黑色，翅黄色，前翅背面外缘黑色，后翅外缘和腹面散布小褐斑。

【习　　性】幼虫寄主为合欢、槐等。

【分　　布】浙江。

180. 橙翅襟粉蝶 *Anthocharis bambusarum* Oberthur

【形态特征】前翅较同属其他种类圆润，雄蝶前翅正面几乎全为橙色，雌蝶无橙色斑且底色为白色，反面密布绿色及褐色的云状斑纹。

【习　　性】通常早春发生，常访花。

【分　　布】浙江、陕西、河南、安徽、江苏、湖北。

181. 东亚豆粉蝶 *Colias poliographus* Motschulsky

【形态特征】体躯黑色。头胸部密被灰色长绒毛，头及前胸绒毛端部红褐色。腹部被黄色鳞片和灰白色短毛，腹面色较淡。触角红褐色，锤部色较暗，端部淡黄褐色。复眼灰黑色，下唇须黄白色，端部深紫色。足淡紫色，外侧较深。

【习　　性】幼虫以豆科植物叶片为食。

【分　　布】浙江、新疆、西藏、内蒙古、黑龙江、辽宁、吉林、青海、宁夏、甘肃、陕西、山西、北京、河南、江苏、四川、贵州、湖北、湖南、江西、福建、海南、云南、台湾。

（十二）斑蝶科 Danaidae

182. 虎斑蝶 *Danaus genutia* (Cramer)

【形态特征】翅橙色，正反面各翅脉都有黑色条纹，前翅近顶角有白色斑纹，容易辨认。

【习　　性】南方常见的斑蝶，喜访花。

【分　　布】浙江，华东、华南、西南、中南。

183. 大绢斑蝶 *Parantica sita* Kollar

【形态特征】翅展 85～150 mm。形态体胸部棕褐色，腹部棕红色。前翅翅缘及脉纹棕褐色，翅面有白色蜡质半透明的斑纹，基部斑纹大，端部斑纹小。后翅棕红色，基半部为白色蜡质半透明的条状斑。

【习　　性】有长途迁徙的习性。

【分　　布】浙江、西藏、辽宁、江苏、四川、贵州、湖南、江西、福建、云南、广西、广东、海南、香港、台湾。

（十三）蛱蝶科 Nymphalidae

184. 箭环蝶 *Stichophthalma howqua* (Westwood)

【形态特征】正面浓橙色且翅色较均匀统一。雄蝶后翅反面黑色，中线距离其外侧的黑色鳞或暗色鳞区较远，雌蝶白色中带明显较宽。

【习　　性】常在林间活动，发生期数量很多，喜吸食粪便。

【分　　布】浙江，华东、中南、西南、华南。

185. 黛眼蝶 *Lethe dura* Marshall

【形态特征】翅展时，雌性 62 mm，雄性 55 mm，体、翅黑色，略具紫色光泽，后翅外缘中部有角状突，端半部色浅，灰色，具有 5 ～ 6 个暗黑色圆斑。翅反面前翅外端灰褐色，基半部褐色，后翅灰白色横纹明显，眼状纹明显。

【习　　性】飞行路线多变，常活动于林缘。

【分　　布】浙江、华中、华南、西南、华东。

186. 深山黛眼蝶 *Lethe insana* Kollar

【形态特征】后翅反面仅有内外 2 条深色中线，外线在近前缘的眼斑附近并不强烈内曲，第 6 室内的眼斑仅略大于第 2 室的眼斑。前翅反面仅第 3 ～ 5 室有清晰的眼斑。

【习　　性】多在林间活动。

【分　　布】浙江，华东、华南，西藏、云南、台湾。

187. 直带黛眼蝶 *Lethe lanaris* **Butler**

【形态特征】个体较大，翅面较黑，前翅前角较尖锐，外缘内凹或平直。反面仅有 2 条深色中线。前翅反面外侧中线的内外底色不同，内侧深而外侧浅，第 2 ～ 6 室有 5 个清晰的眼斑。

【习　　性】常见于竹林或较阴暗的林中。

【分　　布】浙江、河南、四川、湖北、江西、福建。

188. 苔娜黛眼蝶 *Lethe diana* (Butler)

【形态特征】翅色较黑，个体较小。反面内外中线都为深褐色线。前翅反面中室内除被内中线穿过外，还有 1 条多余的黑线。后翅反面第 2 室和第 6 室的眼斑远大于其他眼斑，眼斑外围有金属光泽的蓝紫色环。雌雄两性都无前翅白带。

【习　　性】发生期数量较多，多在林间活动。

【分　　布】浙江，华北、华东、中南，台湾。

189. 蛇神黛眼蝶 *Lethe satyrina* Butler

【形态特征】翅茶褐色，前翅前缘拱凸，外缘浑圆。后翅臀角处隐见眼斑 1 枚。翅反面黄褐色，前翅近顶角处有 2 个叠连的眼斑，后翅亚缘有 6 个眼斑列，中域有 2 条淡紫色线，外侧 1 条曲折。

【习　　性】寄主为竹亚科植物。

【分　　布】浙江、陕西、河南、上海、贵州、湖北、江西。

190. 连纹黛眼蝶 *Lethe syrcis* (Hewsitson)

【形态特征】翅褐黄色。前翅近外缘有淡色宽带；后翅有 4 个圆形黑斑，周围有暗黄色圈。前翅反面外缘、中部和近基部有 3 条黄褐色横带纹。后翅有 6 个黑色眼状斑，以 Cu_1、M_1 室 2 个最大，翅中部有"U"形黄褐色条纹，外侧条纹中部向外呈尖角状突出。

【习　　性】常见眼蝶，多见于竹林地区。

【分　　布】浙江，华东、华南、中南。

191. 曲纹黛眼蝶 *Lethe chandica* Moore

【形态特征】后翅反面外中带沿第 4 脉强烈向外尖出，并在周围外侧伴以淡色的黄色斑块，据此可与其他黛眼蝶区分。

【习　　性】多在林区以及竹林活动。

【分　　布】浙江，华东、华南、西南、中南。

192. 棕褐黛眼蝶 *Lethe christophi* (Leech)

【形态特征】反面为色泽均匀的淡紫棕色，没有斑驳或交错的淡色斑块，前翅反面除清晰的 2 条较直的暗色中线外，仅有中室内线和中室端线，后翅反面仅有 2 条较直的暗色中线及中室端线，后翅反面的眼斑都比较小。雄蝶后翅第 2 室的内半部有黑色的性标。

【习　　性】多见于林间活动，1 年发生 2 代。

【分　　布】浙江，华东、中南、华南。

193. 卓矍眼蝶 *Ypthima zodia* Butler

【形态特征】个体较小，后翅反面除臀角有并联的 2 个小型眼斑外尚存 2 组眼斑。后翅反面内外中带之间有深色宽带。

【习　　性】寄主为禾本科植物。

【分　　布】浙江、陕西、江苏、四川、广西、广东、海南。

194. 矍眼蝶 *Ypthima balda* Fabricius

【形态特征】个体较小，内外 2 条中带大致走向平行，较底色为深，虽然模糊但能分辨。前翅正反面亚外缘线发达，眼斑周围淡色区明显。

【习　　性】南方最常见的矍眼蝶之一。

【分　　布】浙江，华东、中南、华南。

195. 密纹矍眼蝶 *Ypthima multistriata* Butler

【形态特征】雄蝶前翅正面眼斑的外环退化，反面白色鳞纹较暗色鳞发达，整体
印象较白。

【习　　性】多在林区及灌丛区周边活动。

【分　　布】浙江，东北、华北、华中、华南、西南。

196. 布莱荫眼蝶 *Neope bremeri* Felder

【形态特征】较近似黄斑荫眼蝶和大斑荫眼蝶，尤其是春型难以区分，但该种常见的夏型则反面底色较近似种为浅，黑色斑块较小且色泽较淡，前翅反面亚外缘的眼斑多数带清晰的瞳点和较细的黄环。

【习　　性】可在路边见到吸食粪便等，也可在流汁的树上见到。

【分　　布】浙江，华东、华南、中南、西南。

197. 白斑眼蝶 *Penthema adelma* (C.&R.Felder)

【形态特征】大型蝴蝶，翅色黑，前翅有倾斜的宽大白斑带，很容易和其他蝴蝶区分。

【习　　性】发生期数量很大，飞行能力强，喜吸食粪便和树干流汁。

【分　　布】浙江，华东、华南、中南、西南。

198. 蒙链荫眼蝶 *Neope muirheadi* (C. & R. Felder)

【形态特征】翅面黑褐色，前后翅各有 4 个黑斑，雌翅上大而明显。雄蝶翅上不显。翅反面，从前翅 1/3 处直到后翅臀角有一条棕色和白色并行的横带。前翅中室内有 2 条弯曲棕色条斑和 4 个链状的圆斑。

【习　　性】常在路边及林间空地见到。

【分　　布】浙江、陕西、河南、四川、湖北、江西、福建、云南、广东、海南、台湾。

199. 大斑荫眼蝶 *Neope ramosa* Leech

【形态特征】曾长期被当作黄斑荫眼蝶的亚种，该种个体明显较大，前翅正面缺少中室端斑，外生殖器也有明显而稳定的区分。

【习　　性】可在竹林附近或阴暗的林中路上见到。

【分　　布】浙江，华东、中南、四川。

200. 古眼蝶 *Palaeonympha opalina* Butler

【形态特征】翅正面棕黄色，外缘和基半部色浓，两者间色浅，有内外缘线各 1 条，亚外缘线 2 条，均波状弯曲。前翅顶端有 1 个眼斑，中间有 2 个白瞳点；后翅顶端眼斑黑色无瞳点。翅反面有 2 条中横线；后翅有 3 个眼斑，前 2 个大，各有 2 个瞳点，臀角处 1 个小。

【分　　布】浙江、陕西、河南、四川、湖北、江西、台湾。

201. 蓝斑丽眼蝶 *Mandarinia regalis* Leech

【形态特征】雄蝶前翅有较大的闪蓝宽带，飞行中易于辨认，雌蝶的蓝带较窄。

【习　　性】常在隐蔽的路边枝头上停留并有追逐行为。

【分　　布】浙江，华东、华南、西南、中南。

202. 拟稻眉眼蝶 *Mycalesis francisca* Stoll

【形态特征】近似稻眉眼蝶，但本种前后翅反面底色为深棕色或黑棕色，其淡色
中带内侧边非常清晰而外侧边呈晕状向外扩散，亚外缘细线更靠向外侧。

【习　　性】为常见眼蝶种类，多在林区附近活动。

【分　　布】浙江，华东、华南、西南、中南。

203. 黑绢蛱蝶 *Calinaga lhatso* Oberthür

【形态特征】中型蛱蝶，与绢蛱蝶相似，但是前翅较为狭长，翅底色为黑褐色，部分个体颜色发黑，前后翅亚外缘斑较为清晰，部分会与内部的斑点融合。后翅臀角区偏黄，内缘为黄白色。

【分　　布】浙江、西藏、陕西、四川、湖北、云南。

204. 二尾蛱蝶 *Polyura narcaea* (Hewitson)

【形态特征】翅淡绿色，双翅都具有黑色外中带，前翅外中带与外缘之间有 1 列略微相连的淡绿色圆斑，后翅外中带至外缘部分为宽阔连贯的淡绿色区。

【习　　性】常见蛱蝶，喜吸食粪便、腐烂水果。

【分　　布】浙江，华北、东北、华东、华南、中南、西南。

205. 忘忧尾蛱蝶 *Polyura nepenthes* Grose-Smith

【形态特征】翅面乳白色，前翅面亚外缘有 2 列黄白斑，中室端外有 2 个斑；后翅亚外缘有 2 列黑斑，臀角淡黄色，内侧有 2 个黑斑。翅反面中横带外侧有新月形黑斑列，基横带两侧黑边粗，前翅中室内和端脉外各有 2 个黑点。

【习　　性】幼虫以豆科植物为食。

【分　　布】浙江、四川、江西、福建、广东、海南。

206. 柳紫闪蛱蝶 *Apatura ilia* (Denis & Schiffermuller)

【形态特征】雄蝶正面有紫色闪光，雌蝶底色黑色或棕色，前后翅均为淡色中带。前翅中室通常有 4 个小黑点，后翅中带外缘光滑，没有楔形突出。

【习　　性】常停于柳树上，追逐过往蝴蝶。

【分　　布】浙江，东北、华北、华东、华南、西南。

207. 大紫蛱蝶 *Sasakia charonda* (Hewitson)

【形态特征】大型强壮的蛱蝶，雄蝶正面基半区有耀眼的紫蓝色光泽，雌蝶黑棕色，两性后翅臀角处有红斑，很容易辨认。

【习　　性】常吸食树汁，或在空旷地停栖吸食垃圾、烂水果等，飞行有力。

【分　　布】浙江，东北、华北、华东、中南、西南，台湾。

208. 银白蛱蝶 *Helcyra subalba* Poujade

【形态特征】体型中等，前后翅白色带不发达，前翅可见 3～4 个白色小点。翅腹面银灰色。

【习　　性】常活动于林缘及林内树丛中。

【分　　布】浙江、陕西、河南、江苏、四川、福建、广东。

209. 黄钩蛱蝶 *Polrgonia caureum* Linnaeus

【形态特征】正面前翅中室内有3个黑斑，后翅反面的白色钩纹较粗短。

【习　　性】喜开阔区域活动。

【分　　布】浙江，东北、华北、华东、中南、西南、华南。

210. 大红蛱蝶 *Vanessa indica* Herbst

【形态特征】后翅正面从基部到亚外缘区为统一的深棕色，无任何斑纹，易于
辨认。

【习　　性】林区和城市里都能见到。

【分　　布】遍布全国各地。

211. 云豹蛱蝶 *Argynnis anadyomene* (C. & R. Felder)

【形态特征】雄蝶前翅正面仅1条性标，两性后翅反面斑纹模糊，呈云雾状，前翅近顶角通常有1个小白斑。

【习　　性】多在开阔地活动。

【分　　布】浙江，东北、华北、华东、中南、华南。

212. 青豹蛱蝶 *Argynnis sagana* Doubleday

【形态特征】雌雄异型，差异较大。雄蝶橙红色，与老豹蛱蝶较近似，但个体较大，前翅较尖，前翅正面前缘端部有 1 片三角形无斑区，后翅正面基半部除了中室端黑带外无其他黑斑，后翅反面亚基线穿过第 3 脉的基部向臀角延伸。雌蝶正面青黑色有金属光泽，并饰以白色带纹，乍看貌似翠蛱蝶属种类。

【习　　性】喜在开阔地活动，常访花。

【分　　布】浙江，东北、华北、华东、中南、华南。

213. 绿豹蛱蝶 *Argynnis paphia* (Linnaeus)

【形态特征】雄蝶正面橙黄色，正面前翅有4条较长的沿翅脉的黑色性标，雌蝶正面橙褐色或者墨绿色。两性后翅反面底色主要为灰绿色且带金属光泽，亚基域、内中域和外中域各有1条白色带纹。

【习　　性】多在开阔地活动，常见其访花。

【分　　布】遍布全国。

214. 斐豹蛱蝶 *Argyreus hyperbius* (Linnaeus)

【形态特征】雄蝶正面底色为鲜艳的橙黄色，无性标。雌蝶前翅有斜白带。两性后翅反面底色斑驳，没有均匀的底色，易与其他豹蛱蝶区分。

【习　　性】常见蝶种，开阔地多见。

【分　　布】广布全国。

215. 扬眉线蛱蝶 *Limenitis helmanni* Lederer

【形态特征】与断眉线蛱蝶近似，但该种前翅中室内棒状纹较直，前翅第 2 室斑
和第 3 室斑几乎同等大小，后翅反面亚外缘白色斑伴以模糊的灰色斑块。

【习　　性】多在林间开阔地活动，喜在地面吸水。

【分　　布】浙江，东北、华北、西北、华东、中南。

216. 残锷线蛱蝶 *Limenitis sulpitia* (Cramer)

【形态特征】前翅中室纵条在其上缘有个缺口，但并不因此中断，因此可与其他线蛱蝶轻易区分。

【习　　性】常见种类，多见于林区路边。

【分　　布】浙江，华东、中南、华南、西南。

217. 迷蛱蝶 *Mimathyma chevana* Moore

【形态特征】前翅中室外有 2 个白斑块近乎与中室纵条相连，后翅反面有大片的银白色，据此可与其他蝶区分。雄蝶翅正面中域闪有蓝紫色光泽。

【习　　性】常见于林间空地飞行。

【分　　布】浙江，华东、华南、中南、西南。

218. 明窗蛱蝶 *Dilipa fenestra* Leech

【形态特征】雄蝶正面为带金属光泽的金黄色杂以较少的黑色斑，雌蝶底色棕色为主，前翅顶角有半透明的白色斑，后翅反面从前缘到臀角有 1 条向外凹的条纹。后翅反面布有褐色波状细纹，中域近基部有 1 条纵向的褐色线。

【习　　性】多在林缘的空旷地见到。

【分　　布】浙江，东北、华北，河南、陕西。

219. 玛环蛱蝶 *Neptis manasa* Moore

【形态特征】中大型环蛱蝶，前翅中室条纹和中域斑连成环状，正面斑色通常为黄色或淡黄色，反面底色以土黄色为主，色泽较均匀，后翅近基部和外缘区域没有复杂的斑纹，易于辨认。

【习　　性】常在林间飞舞，有时在地面吸水。

【分　　布】浙江、西藏、湖北、福建、云南。

220. 重环蛱蝶 *Neptis alwina* (Bremer &Grey)

【形态特征】中大型环蛱蝶，前翅近前缘有 2 个较长的白色斑列，易与其他环蛱蝶区分。与德环蛱蝶类似，但该种后翅中带不被翅脉全部切断。

【习　　性】1 年 1 代，多在林间活动。

【分　　布】浙江，东北、华北、华东、西南。

221. 娑环蛱蝶 *Neptis soma* Moore

【形态特征】与娜环蛱蝶相近，主要区别在于翅面的斑纹乳白色，后翅中带由后缘向前缘逐渐加宽。

【分　　布】浙江、四川、云南、台湾。

222. 断环蛱蝶 *Neptis sankara* Kollar

【形态特征】本种有黄白2种型，斑纹差异不大。前翅外侧带 M_3 室斑比 Cu_1 斑离基部远，正面中室条与室侧条在愈合处有1深的缺刻，反面的缺刻浅。前翅上外带 M_2 室内有斑点、M_1、Cu_1 室斑距翅基部等距。

【习　　性】喜在日光下活动，飞翔迅速，行动敏捷。

【分　　布】浙江、陕西、河南、四川、江西、福建、广西、云南。

223. 啡环蛱蝶 *Neptis philyra* Ménétriès

【形态特征】与断环蛱蝶相近，翅正面黑色，斑纹黄白色。前翅中室条与室侧条愈合完整，并与下外带 M_3、Cu_1 室斑构成 1 置于翅中部的"曲棍球杆"状的斑纹。前翅反面中室端部上侧有 1 个白点，无亚前缘斑。

【分　　布】浙江、陕西、黑龙江、河南、云南、台湾。

224. 阿环蛱蝶 *Neptis ananta* (Moore)

【形态特征】翅正面黑色，斑纹黄色。前翅中室条与室侧条愈合不完整，前缘愈合处有缺刻，上外带 R_5 室斑的侧下角有 1 个长的尖尾突。后翅中带与外带约等宽。后翅反面的中带与中线在 $Sc+R_1$ 室相距很近，缘毛黑白对比不显著。后翅反面基带宽大，无亚基条。

【习　　性】多在林间飞舞。

【分　　布】浙江，华东、中南、华南、西南。

225. 链环蛱蝶 *Neptis prver* Butler

【形态特征】前翅中室内条斑断裂成一系列斑块，且近乎与中带相接形成半环状。后翅有2列白斑。本种最近似细带链环蛱蝶，区别在于其斑纹较宽大，前翅前缘中部没有小白斑。

【习　　性】多在林间开阔地活动。

【分　　布】浙江，华东、中南，四川、台湾。

226. 小环蛱蝶 *Neptis sappho* Pallas

【形态特征】近似中环蛱蝶、耶环蛱蝶和珂环蛱蝶。反面底色没有中环蛱蝶那么黄，条带形斑纹的黑边没有中环蛱蝶发达；前翅中室外楔形斑没有耶环蛱蝶和珂环蛱蝶那么长，中室内条纹多少有断痕，反面底色较耶环蛱蝶为红。

【习　　性】林区路边易见。

【分　　布】浙江，东北、华北、华东、西南、中南、华南。

227. 玉杵带蛱蝶 *Athyma jina* (Moore)

【形态特征】翅正面黑褐色，斑纹白色；前翅中室内有棒状纹，基部细而端部粗，近顶角有 3 个小白斑，中横列斑中 M_3 室斑最小，孤立；后翅中横带宽，与肩区白纹及外横带不连接。

【习　　性】寄主为忍冬科山银花植物。

【分　　布】浙江、新疆、四川、江西、福建、云南、台湾。

228. 幸福带蛱蝶 *Athyma fortuna* Leech

【形态特征】前翅中室内的条纹较细，近顶角只有 2 个小白点；后翅反面肩区白纹在 Sc+R_1 脉下方，中横带与外横带在前缘连接。

【分　　布】浙江。

229. 东方带蛱蝶 *Athyma orientalis* Elwes

【形态特征】翅正面黑褐色，斑纹白色；前翅中室内条纹断成 4 节；后翅中横带前面宽后面略窄，外横带较明显，前后翅均有白色外缘纹。翅反面棕色，后翅肩区比正面多 1 条白色条纹。

【分　　布】浙江、江西、福建、广东。

230. 太平翠蛱蝶 *Euthalia pacifica* Mell

【形态特征】以前和峨嵋翠蛱蝶以及布翠蛱蝶被作为黄铜翠蛱蝶（*Euthalia nara*）的亚种，但有生态学的证据表明这些翠蛱蝶都是独立的种。与峨嵋翠蛱蝶和布翠蛱蝶的区别在于：雄蝶后翅的黄斑不进入中室，雌蝶前翅的白斑列从前缘开始越往后角越窄，后翅亚外缘的黑线纹较细且非常均匀。

【习　　性】常沿阴暗的林中小路可见，喜栖于路上吸食。

【分　　布】浙江、安徽、福建、广东。

231. 黄豹盛蛱蝶 *Symbrenthia brabira* Moore

【形态特征】翅正面黑色，前翅中室有1条橙红色纵带伸至中域，并逐渐加宽；近顶角有1个外斜的橙红色斑，近后缘角也有1个相对应的橙红色斑。前翅反面1b室近外缘处有1个多余的黑斑，后翅反面外中域的金属色斑块及近臀角的亚外缘线略呈蓝色，外中域的蓝色斑块略短。

【习　　性】林区开阔地可见，常访花。

【分　　布】浙江、四川、福建、云南、台湾。

232. 素饰蛱蝶 *Stibochiona nicea* Gray

【形态特征】雄蝶正面黑色，有蓝色色调，雌蝶色泽较淡且有绿色色调，前翅的
亚外缘及后翅的外缘都饰有白斑列，白斑不呈"V"形，可与电蛱蝶轻易区分。

【习　　性】常在阴暗的林中见到。

【分　　布】浙江，华东、中南，四川、重庆、云南、西藏。

233. 电蛱蝶 *Dichorragia nesimachus* (Doyere)

【形态特征】翅黑蓝色，雄蝶有闪光，前翅亚缘各室有白色电光纹，中室内有 2 个白紫斑，中域各室有白色斑点；后翅亚缘有 5 个黑色圆斑，外侧的电光纹短小。反面斑纹同正面。

【习　　性】可在林区小路上见到，吸食粪便或者地面吸水。

【分　　布】浙江，华东、华南、西南、中南。

234. 黑脉蛱蝶 *Hestina assimilis* Linnaeus

【形态特征】有多型现象，常见型的翅斑以纵向的黑白条纹为主，后翅亚外缘有1列红斑非常耀眼。淡色型则几乎仅翅脉饰以黑色，后翅红色斑消失。

【习　　性】林区以及绿化带可见。

【分　　布】浙江，东北、华北、华东、中南、华南、西南。

235. 傲白蛱蝶 *Helcyra superba* Leech

【形态特征】翅白色，前翅自前缘 1/2 处斜向臀角处为黑色，其中顶角附近有 2 个白斑，中室端部有 1 个小黑斑；后翅外缘有 1 条锯齿状的黑纹，中域有不规则的黑色斑列。翅反面银白色，后翅亚缘各室有 1 列眼状小斑。

【习　　性】飞行迅速，喜欢活动于密林当中。

【分　　布】浙江、陕西、四川、江西、福建、台湾。

236. 白裳猫蛱蝶 *Timelaea albescens* Oberthir

【形态特征】小型蛱蝶，翅面橙色为主，遍布豹斑，前翅正面中室内 4 个黑斑，后翅反面以外中域的黑色斑列为界，其内侧底色为白色，外侧则为黄色。

【习　　性】飞翔缓慢，常见于林间灌丛，有时停栖在路上。

【分　　布】浙江、甘肃、陕西、江苏、湖北、福建、台湾。

237. 琉璃蛱蝶 *Kaniska canace* (Linnaeus)

【形态特征】翅形类似钩蛱
蝶属的种类，但本种正面斑
纹简单，以黑色底色和蓝色
中带为主，非常容易辨认。

【习　　性】常见于林区路
边，有追逐行为。

【分　　布】浙江，华北、
东北、华东、中南、华南、
西南。

238. 黄帅蛱蝶 *Sephisa princeps* (Fixsen)

【形态特征】雄蝶正面底色杂以黑色和橙黄色，后翅反面色泽较淡，雌蝶斑纹常为白色。与帅蛱蝶区分点在于：该蝶前翅没有白色斜斑列，后翅反面中室内有 2 个不相连的黑点。

【习　　性】多见于林区开阔处，喜在地面吸水。

【分　　布】浙江，东北、华北、华东、中南、西南。

239. 美眼蛱蝶 *Junonia almanac* (Linnaeus)

【形态特征】翅正面橙黄色，前后翅都有大型的孔雀眼斑。季节型差异较大，低温型反面模拟枯叶状。

【习　　性】南方常见的美丽蛱蝶，喜开阔区域活动，多访花。

【分　　布】浙江，华东、华南、西南、中南。

240. 苎麻珍蝶 *Acraea issoria* (Hübner)

【形态特征】翅形狭长，翅黄色半透明状，飞行缓慢，易于辨认。

【习　　性】盛发期数量极多，常见于林区光线好的地段。

【分　　布】浙江，华东、华南、西南、中南。

241. 朴喙蝶 *Libythea lepita* Moore

【形态特征】下唇须极长，前翅在5脉尖处并折呈锐角，前翅中室棒纹与中域斑之间有明显的割断或勉强相连，后翅中带较窄。

【习　　性】常见其停栖于光照较好的林区路上，喜在地面吸水。

【分　　布】浙江，华北、华东、中南、西南。

242. 曲纹蜘蛱蝶 *Araschnia doris* (Leech)

【形态特征】后翅外缘圆滑，前后翅正反面都有清晰而弯曲的中带。本种有季节型之分，春型前翅无白带，反面棕红色明显，易被误认为其他种类。

【习　　性】多见于林间以及开阔地。

【分　　布】浙江，华东、中南、西南。

（十四）灰蝶科 Lycaenidae

243. 白带褐蚬蝶 *Abisara fylloides* (Moore)

【形态特征】前翅斜带白色或者黄色，翅面色浅，斜带白色，翅缘有白色缘毛；雌蝶斜带较雄蝶细，后翅中部有 1 条模糊细条纹。

【习　　性】林中阴暗处可见，常见访花。

【分　　布】浙江，华东、华南、中南、西南。

244. 绿灰蝶 *Artipe eryx* Linnaeus

【形态特征】翅正面黑褐色，前翅中室至后缘、后翅中室端至外缘有闪光浓紫蓝斑，后翅臀角叶状突出，其上有蓝黑色点，尾突细长。翅反面绿色，前翅后缘部灰白色，有 1 条白色中外横线；后翅外横线间断扭曲，尾状突基部两侧各有 1 个黑点，臀角黑色。

【习　　性】1 年 2～3 代，以老熟幼虫在寄主果实里越冬。

【分　　布】浙江、西藏、四川、贵州、江西、福建、云南、广西、广东、海南、香港。

245. 生灰蝶 *Sinthusa chandrana* (Moore)

【形态特征】正面黑色，雄蝶后翅闪有紫色光泽，反面淡灰色，近似娜生灰蝶 *Sinthusa nasaka*，但本种反面斑纹较粗，前翅中横带中间断开，后翅中横带非常离散。

【习　　性】多在林区边缘活动，常访花。

【分　　布】浙江，华东、华南、西南、中南。

246. 浓紫彩灰蝶 *Heliophorus ila* (de Nicéville & Martin)

【形态特征】翅展 28 mm 左右。正面黑褐色，部分区域有深紫蓝色光泽；后翅外缘有 2 个橙红色新月斑。翅反面橙黄色，前翅外缘有窄的赤红带，外缘有黑色，臀角有 1 个长形黑斑，具白边。

【习　　性】喜在日光照射强烈的林区活动。

【分　　布】浙江、陕西、河南、四川、江西、福建、广西、广东、海南、台湾。

247. 点玄灰蝶 *Tongeia filicaudis* (Pryer)

【形态特征】雌雄同型，正面底色都为黑色，反面前翅中室端斑内侧有黑点，可
与其他玄灰蝶区分。

【习　　性】为常见的灰蝶，喜访花，城市里偶尔也能见到。

【分　　布】浙江，华北、华东、华南、西南、中南。

248. 蓝丸灰蝶 *pithecops fulgens* Doherty

【形态特征】前翅外缘较平直，雄蝶翅前缘和外缘黑褐色，其余部分蓝紫色闪光；雌蝶翅黑褐色无紫色闪光。翅反面外缘有 1 列小黑点，亚外缘有 1 条淡黄色线。前翅前缘有 2 个小黑点；后翅前缘近顶角有 1 个黑色大圆斑；后缘近臀角有 1 个小黑斑。

【习　　性】喜访花吸蜜。

【分　　布】浙江、江西、海南、台湾。

249. 蚜灰蝶 *Taraka hamada* (Druce)

【形态特征】正面黑色，反面底色白色，密布黑色斑点，极易识别，正面底色全黑，反面翅缘的黑线沿翅脉向内有黑斑。

【习　　性】幼虫取食蚜虫。多见于林区，特别是竹林。

【分　　布】浙江、华东、华南、西南、中南。

250. 酢浆灰蝶 *Pseudozizeeria maha* (Kollar)

【形态特征】地理变异较多，季节变异也较大，个体较小，无尾突，眼有毛，反面底色多为灰白色、棕灰色或棕黄色，后翅中域斑列呈均匀的弧形弯曲。

【习　　性】为最常见的小灰蝶，城市里也能见到。

【分　　布】全国各地。

251. 银线灰蝶 *Spindasis lohita* Horsfield

【形态特征】后翅臀角有明显橙斑。雄蝶前翅呈三角形，翅膀背面有紫蓝色斑纹；雌蝶前翅较圆，翅膀背面呈深灰色。翅膀腹面为黄、黑和银色相间的条斑。

【习　　性】多在树林边缘和灌丛活动。

【分　　布】浙江、广东、台湾。

252. 豆粒银线灰蝶 *Spindasis syama* (Horsfield)

【形态特征】雄蝶翅面黑褐色，前后翅基半部在光线下闪浓紫色光泽；后翅臀角
具橙红色斑，其端部有黑色圆斑，尾突黑褐色，端部白色。

【习　　性】多在林区活动，喜访花。

【分　　布】浙江，华东、华南、西南、中南。

（十五）弄蝶科 Hesperiidae

253. 斑星弄蝶 *Celaenorrhinus maculosa* (C. & R. Felder)

【形态特征】前翅正面近基部有 1 个小白斑，中域的白斑距离较近但不连成带状，第 3 室斑离第 2 室斑和中室端斑较近，后翅正面黄斑发达，反面近基部有放射状黄色斑。

【习　　性】林中易见。

【分　　布】浙江，华东、华南、西南、中南，台湾。

254. 绿弄蝶 *choaspes benjaminii* Guérin-Méneville

【形态特征】翅正面暗褐色，基部绿色；后翅臀角沿外缘有橙黄色带。翅反面黄绿色，翅脉黑色；后翅臀角橙红色斑纹在 2A 室至 Cu_1 室间向内突出。

【习　　性】活动于晨昏或阴天，强烈阳光下，会停留于植物叶片下，飞行速度快。

【分　　布】浙江、陕西、河南、湖北、江西、福建、云南、广西、广东、香港、台湾。

255. 黑弄蝶 *Daimio tethys* (Ménétriès)

【形态特征】翅黑色，缘毛和斑纹白色。前翅顶角有 3～5 个小白斑，中域有 5
个大白斑（中室端斑最大，M_3 室斑很小）；后翅正面中域有 1 条白色横带，其
外缘有黑色圆点。后翅反面基半部白色，其上有数个小黑圆点。

【习　　性】林区路边常见，有时停栖地面，有时停栖于灌木上。

【分　　布】浙江，东北、华北、华东、华南、中南、西南。

256. 密纹飒弄蝶 *Satarupa monbeigi* Oberthür

【形态特征】前翅中室白色斑纹密集，中室端斑接近 M_3 室及 Cu_1 室斑，比 M_3 室斑大，Cu_2 室的斑近方形；后翅黑白交界处白斑互相愈合，反面可见 Rs 室有 1 个独立的黑色斑及 1 个黑色内斑。

【习　　性】飞行能力强，喜在湿地吸水。

【分　　布】浙江、江苏、四川、贵州、湖北、湖南、广西。

257. 显脉须弄蝶 *Scobura lyso* Evans

【形态特征】显脉须弄蝶后翅反面黑色斑较多且中室内为黑色，因而黄色的脉纹非常显著。故中名拟为显脉须弄蝶。

【习　　性】常在林区见到，喜访花。

【分　　布】浙江、福建、海南、广东。

258. 钩形黄斑弄蝶 *Ampittia virgata* Leech

【形态特征】雌雄异型，雄蝶正面前翅有明显的黑色性标，且黄色斑纹较大、较多，雌蝶黄斑较少。反面后翅的翅脉黄色，布有许多黑色细纹，且容易辨认，据此易与其他弄蝶区分。

【习　　性】多见于林区开阔地，喜访花。

【分　　布】浙江，华东、华南、中南、西南、台湾。

259. 旖弄蝶 *Isoteinon lamprospilus* Felder et Felder

【形态特征】前翅中室端斑与 2 室内的中域斑连成一线，后翅反面以中室端斑为
中心所有的白斑近乎连成一个环形，易于识别。

【习　　性】多在林区边缘活动。

【分　　布】浙江，华东、华南、中南、西南。

260. 白伞弄蝶 *Burara gomata* (Moore)

【形态特征】翅反面淡绿色，沿翅脉有深色纵纹，但后翅中室内无斑纹，极易识别。

【习　　性】见于亚热带林区。

【分　　布】浙江、四川、福建、云南、广西、广东。

十四、双翅目 Diptera

（一）大蚊科 Tipulidae

261. 直刺短柄大蚊 *Nephrotoma rectispina* Alexander

【形态特征】体长 13 ～ 17 mm，前翅长 12 ～ 14 mm。头部黄色，后头区具 1 浅褐色斑纹。复眼发达，呈黑色。胸部黄色。前胸无明显斑纹。中胸前盾片具 3 个褐色纵斑，中斑完全为淡色中纵纹分开，侧斑直。盾片两侧各有 1 褐斑，其前侧端缘呈褐色。

【习　　性】成虫发生期为 4—10 月。

【分　　布】浙江、贵州、湖北。

262. 白斑毛黑大蚊 *Hexatoma* sp.

【形态特征】体长 15 ～ 17 mm。体黑色具光泽，前胸背板红黑色，具 3 块隆起的区域；腹部有蓝色的环斑，末端橙色。翅长 12 ～ 16 mm，黑色具白色斑块，有翅中室，同时有 2 ～ 3 中脉伸达翅，足黑色。

【习　　性】常见于中海拔山区溪流边树林。

【分　　布】浙江、广东。

（二）摇蚊科 Chironomidae

263. 摇蚊 *Chironomus* sp.

【形态特征】体长约10 mm，胸部最宽处位于中间，并具凹陷；雄性触角鞭11节，并具发达环毛。

【习　　性】常见于水边。

【分　　布】浙江。

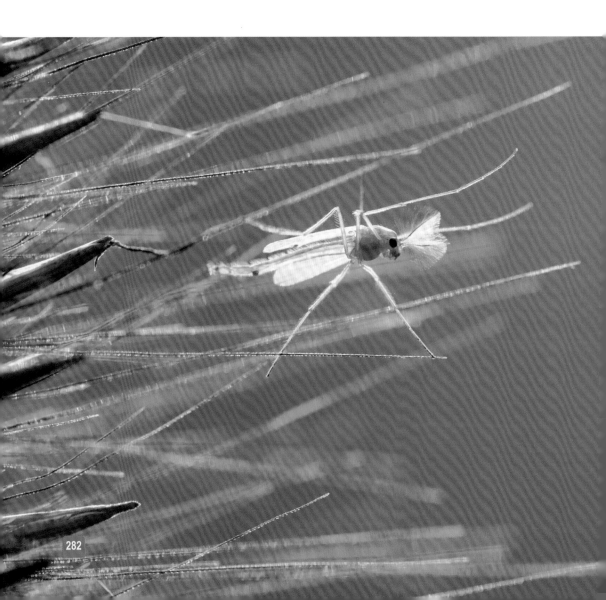

（三）蜂虻科 Bombyliidae

264. 小亚细亚丽蜂虻 *Ligyra tantalus* (Fabricus)

【形态特征】翅整个着色，从基部到翅缘由黑褐色到亮褐色。腹部背面除了第3、第7节有白色鳞片以外，其他的被黑色鳞片，第2、第6节侧面有一小部分被白色鳞片。

【习　　性】成虫盛发期为6—8月。出没于阳光充足的草丛之中或者地面。

【分　　布】浙江、广西。

265. 姬蜂虻 *Systropus* sp.

【形态特征】看上去颇像某些体形细长的姬蜂或胡蜂。体细长，色彩鲜艳。体通常不被长绒毛，仅有极短的绒毛。

【习　　性】成虫盛发期为 6—8 月。出没于阳光充足的树林、草丛之中。

【分　　布】浙江。

266. 绒蜂虻 *Villa* sp.

【形态特征】头近圆形，颜面完全圆形，在触角之下后缩或略向前突出。喙短，不超出口窝。触角相互距离较远。复眼后缘的中间有1缺刻。胸部底色一般黑色，较短平。常有浓密的绒毛着生，尤其前缘和两侧，其绒毛更长更密。翅一般透明，仅前缘室略淡棕色。

【习　　性】出没于阳光充足的草丛之中或者地面。

【分　　布】浙江、广东。

（四）水虻科 Stratiomyidae

267. 金黄指突水虻 *Ptecticus aurifer* (Walker)

【形态特征】体长 15～20 mm。头部半球形黄色，复眼分离，无毛；触角梗节内侧端缘明显向前突起，呈指状，鞭节由基部 4 小节和亚顶端的触角芒组成；身体黄褐色，腹部通常第 3 节往后具有大面积黑斑；翅棕黄色，端部具有深色斑块，中室五边形。

【习　　性】幼虫腐食性，成虫常见于有垃圾或腐烂动植物的草丛、灌木丛中。

【分　　布】浙江、西藏、内蒙古、吉林、陕西、山西、河北、北京、安徽、江苏、四川、重庆、贵州、湖北、湖南、江西、福建、云南、广西、广东、台湾。

（五）鹬虻科 Rhagionidae

268. 周氏金鹬虻 *Chrysopilus choui* Yang et Yang

【形态特征】头部的毛淡黄色，触角暗褐色；柄节裸，梗节有黑毛，鞭节有淡黄色。胸部褐色至黑褐色，有灰白粉被；中胸背板和小盾片烟黑色。胸部的毛淡黄色；中胸背板中侧部和后部有金黄色的倒伏毛，前侧缘有一些黑毛，小盾片整个被黑色。腹部褐色至暗褐色，有灰白粉被。

【习　　性】幼虫捕食性，生活在潮湿富含有机质的土中。

【分　　布】浙江、甘肃、陕西。

（六）食虫虻科 Asilidae

269. 中华单羽食虫虻 *Cophinopoda chinensis* Fabricius

【形态特征】体长 20 ～ 29 mm，腹部粗短，雌性腹末钝圆。棕黄色，雄性色深，足灰褐色，胫节棕黄色。

【习　　性】成虫于春夏见于林下，捕食性。

【分　　布】浙江。

270. 虎斑食虫虻 *Astochia virgatipes* Goguilicet

【形态特征】体长 19 ～ 24 mm；翅展 30 ～ 32 mm。体黑色。额为头宽的 1/5，有灰白色粉被。单眼瘤上有黑毛。触角黑色。颜面、头外侧及头顶后缘、胸外侧、各足基节外侧均生有黄白色细长毛。胸背有虎状纹，黄白色粉被，中央有 1 纵长灰黑斑。足赤黄色，基节黑色。腹部灰黑包，第 1 ～ 5 节后缘各有白色粉被。产卵器黑色。

【习　　性】捕食棉蚜。

【分　　布】浙江、河北。

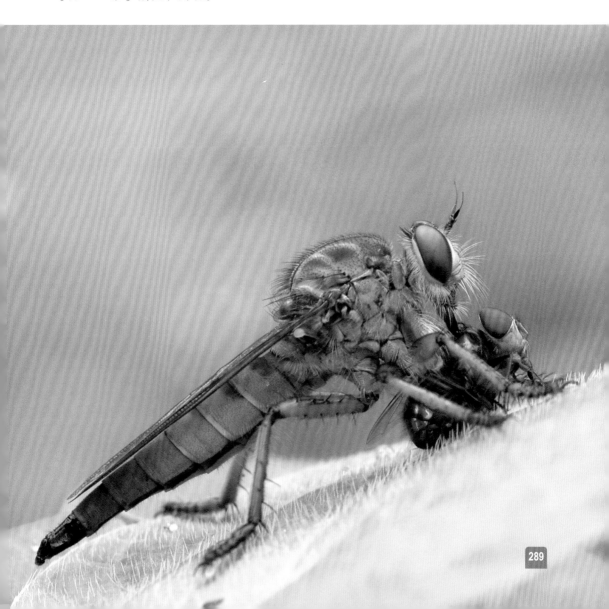

（七）突眼蝇科 Diopsidae

271. 突眼蝇 *Diopsis* sp.

【形态特征】头部黑色；眼柄红褐至黑褐色。眼位于触角旁的长柄上，腹部几节红色。

【分　　布】浙江。

（八）蚜蝇科 Syrphidae

272. 宽跗蚜蝇 *Platycheirus* sp.

【形态特征】复眼裸；颜面黑色，有时或多或少污色，无任何黄色痕迹；触角黑色，芒裸。胸和小盾片无黄色斑点，有软毛。腹部两侧几乎平行，有 3 对或 4 对黄斑，偶尔有蓝色斑点。

【习　　性】成虫盛发期为 5—8 月

【分　　布】浙江。

273. 裸芒宽盾蚜蝇 *Phytomia errans* Fabricius

【形态特征】体长 9～14 mm。头大，半球形，略宽于胸；眼裸；额黄棕色，颜很宽。触角小，棕黄色，芒裸。中胸背板灰黄至棕褐色，具黄毛；小盾片横宽，棕褐或黑褐色。腹部短卵形，棕褐色。足黑色，各足腿节末端、后足腿节基半部或 2/3、前后足胫节基半部及中足胫节基部 2/3 黄白至棕黄色。

【分　　布】浙江、西藏、江苏、四川、湖南、福建、云南、广西、台湾。

274. 大灰食蚜蝇 *Syrphus corolla* Fabricius

【形态特征】小盾片棕黄色。腹部两侧具边，底色黑，第2～4背板各具大型黄斑1对；雄性第3、第4背板黄斑中间常相连接，第4、第5背板后缘黄色，第5背板大部黄色，露尾节大，亮黑色。腹背毛与底色一致。

【习　　性】幼虫捕食棉蚜、棉长管蚜、豆蚜、桃蚜等。

【分　　布】浙江、辽宁、甘肃、山西、河北、北京、江苏、上海、湖北、福建、云南。

275. 狭带条胸蚜蝇 *Helophilus virgatus* Coquilletti

【形态特征】体长 10～15 mm。头顶棕褐色，覆棕色粉被，被黄毛；额黑色，密覆棕黄色粉被。中胸背板钝黑色，密覆黄毛，具黄色或红黄色纵条 2 对，中间 1 对极狭，侧纵条较宽，于背板前部与狭纵条相连；后足腿节极粗大，黑色，末端黄色至红棕色，胫节黑色，极弯曲；后足腿节腹面具黑色短鬃。

【分　　布】浙江、西藏，东北，河北、江苏、四川、湖北、湖南、江西、福建、云南。

276. 细腹食蚜蝇 *Sphaerophoria* sp.

【形态特征】体长约 6 mm，雄性接眼式，腹较狭。头颜面黄色，胸背棕色，具光泽，胸侧及盾片黄色；腹端部具黑色带，其后各节具浅棕色带。

【习　　性】成虫访花，幼虫取食多种蚜虫。

【分　　布】浙江。

277. 黑带蚜蝇 *Episyrphus baltealus* De Geer

【形态特征】眼裸，颜污黄色，除中突外具密污黄或白色粉被。中胸背板黑色，小盾片污黄色；侧板黑色，有黄色或灰色或略亮的粉被，后小盾片下面毛长而密；后胸腹板有毛。翅后缘有1列小的黑色骨化点。腹部无边，两侧平行，基部略收缩或狭卵形，第2节有黄色带，第3、第4节黄色，有黑带。

【习　　性】成虫盛发期为5—8月。

【分　　布】全国各地。

（九）丽蝇科 Calliphoridae

278. 绯颜裸金蝇 *Chrysomya rufifacies* (Macquart)

【形态特征】体中型；侧颜及颊部均密被淡黄色细毛；后气门暗棕色，下腋瓣被
细纤毛。

【习　　性】滋生于动物尸体或家畜体的创伤上。

【分　　布】浙江、山东、河南、安徽、江苏、上海、四川、贵州、江西、福
建、云南、广西、广东、海南、台湾。

（十）寄蝇科 Tachinidae

279. 长须寄蝇 *Peletina* sp.

【形态特征】单眼鬃缺，具侧颜鬃；侧尾叶端部细长、尖锐、急剧弯曲；肛尾叶很短；侧颜被长毛，雌、雄均具外侧额鬃，喙常细长，前胸侧片上方和前胸腹板裸，翅前鬃不短于背中鬃，小盾片具多根钉状心鬃；中脉心角呈直角或小于直角，无赘脉，前缘刺不发达；后足胫节具 3 根端刺。

【习　　性】常活动于植物的顶端或树干的向阳面取暖。

【分　　布】浙江、广东。

280. 狭颊寄蝇 *Carcelia* sp.

【形态特征】复眼被毛，颊狭，窄于触角基部至复眼的距离，前胸腹片被毛。前胸侧片裸。翅薄透明，翅肩鳞黑色，前缘刺退化。触角第 3 节长于第 2 节，触角芒第 2 节不延长、裸，其基部加粗不超过全长的 1/2，下颚须黄色，无前顶鬃，后足胫节具前背鬃梳。

【习　　性】常于植物的顶端活动或树干的向阳面取暖。

【分　　布】浙江。

十五、膜翅目 Hymenoptera

（一）姬蜂科 Ichneumonidae

281. 姬蜂 *Lchneumon* sp.

【形态特征】中大型，体形瘦长，体黑色，前胸背板侧缘具白色条纹，上方有 2
枚白色的纵斑，小盾板白色，腹部各节具白色横带，腰部细，翅膀不及腹末端，
各足腿节黑色。

【习　　性】常见于低矮的树林或草丛叶面停栖，飞行快速。

【分　　布】浙江。

282. 黏虫白星姬蜂 *Vulgichneumon leucaniae* Uchida

【形态特征】全体黑色。胸部背面和腹末，各有白斑或黄斑，触角中段白色。

【习　　性】寄主为黏虫、大螟、二化螟蛹。

【分　　布】浙江、黑龙江、吉林、辽宁、陕西、河北、北京、山东、河南、山西。

（二）蚁科 Formicidae

283. 日本弓背蚁 *Camponotus japonicus* Mary

【形态特征】大型工蚁体长 12.3 ～ 13.8 mm，头大，上颚 5 齿，通体黑色，极个别个体颊前部、唇基、上颚和足红褐色。中小工蚁体长 7.4 ～ 10.8 mm，头较小，长大于宽。

【习　　性】地下筑巢，巢位于稀林地、林缘、路边及林间空地。

【分　　布】全国各地。

284. 黄猄蚁 *Oecophylla smaragdina* (Fabricius)

【形态特征】大型工蚁体长 9 ～ 11 mm。体锈红色，有时为橙红色。全身有十分
细微的柔毛。立毛很少，仅限于后腹末端。体具弱的光泽。

【习　　性】食性杂，以捕食多种害虫为主。

【分　　布】浙江、福建、云南、广西、广东、海南。

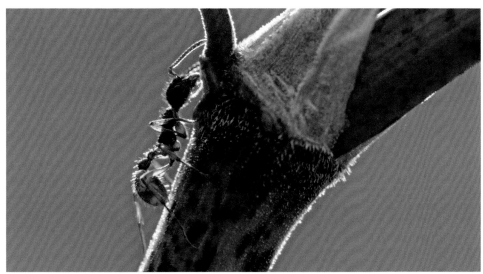

285. 黑褐举腹蚁 *Crematogaster rogenhoferi* Mayr

【形态特征】体长 2.7 ~ 5.0 mm，体红褐色，后腹部大部为褐色。

【习　　性】嗜甜，主要取食蚜虫、介壳虫蜜露，以及小节肢动物或其尸体。

【分　　布】浙江、安徽、江苏、四川、湖南、江西、福建、云南、广西、广东、海南。

（三）胡蜂科 Vespidae

286. 双色铃腹胡蜂 *Ropalidia bicolorata bicolorata* Gribodo

【形态特征】体长 6 mm；胸部斑均为棕色，中胸盾片为黑色，小盾片为黄棕色；腹部第 1 节呈短柄状，第 2～6 节背板端部无黄色横带，第 2 节背板近基部两侧各具 1 淡棕色斑。

【习　　性】具有社会性。

【分　　布】浙江。

287. 变侧异腹胡蜂 *Parapolybia varia* (Fabricius)

【形态特征】体长 12～17mm。体色黄褐色；体形较其他长脚蜂细长；腹部前方具细腰身，后方较圆。头宽与胸宽略等；两触角窝之间隆起呈黄色；翅浅棕色，前翅前缘色略深；前足基节黄色，转节棕色，其余黄色；腹部第1节长柄状，背板上部褐色，第2节背板深褐色，两侧具有黄色斑。

【习　　性】老熟成虫外出捕食鳞翅目幼虫后咀嚼成团，回巢后分给新羽化的个体取食。

【分　　布】浙江、江苏、湖北、福建、云南、广东、台湾。

288. 金环胡蜂 *Vespa mandarinia* Smith

【形态特征】体长 30 ～ 40 mm，体色两种以上，腹部除第 6 节背板、腹板为橙黄色外，其余各节背板均为棕黄色与黑褐色相间。

【习　　性】属杂食性，喜肉食。

【分　　布】浙江、辽宁、江苏、四川、湖北、江西、福建、云南、广西、海南。

289. 棕马蜂 *Polistes* sp.

【形态特征】雌体体长约 30 mm，全体深棕色，有光泽。雄蜂体较大，约 38 mm。头胸部的刻点较细。各足棕黑色。

【习　　性】蜂后产卵后即留在蜂巢中，其他蜂群负责觅食孵化。

【分　　布】浙江、江苏、四川、重庆、贵州、福建、广西、广东。

290. 陆马蜂 *Polistes rothneyi grahami* Vecht

【形态特征】前胸背板周边呈黄色颈状突起，中部两侧各有 1 个黑色小三角斑，2 个下角黑色，余均为橙黄色；中胸背板中央两侧各有 1 个橙黄色纵斑；3 对足基节、转节黑色。

【习　　性】属于杂食性昆虫，活动于草丛、树丛间。

【分　　布】中国中东部地区。

（四）蜜蜂科 Apidae

291. 西方蜜蜂 *Apis mellifera* Linnaeus

【形态特征】工蜂、雌性蜂王与雄蜂分
化明显；不同地区具有不同亚种及生
态型；西方蜜蜂与东方蜜蜂的工蜂形
态主要区别为：唇基黑色，不具黄或
黄褐色斑；体较大，为 12 ～ 14 mm，
体色变化大，深灰褐色至黄或黄褐色；
后翅中脉不分叉。

【习　　性】喜访开放型花，酿蜜。

【分　　布】全国各地。

292. 东方蜜蜂 *Apis cerana* Fabricins

【形态特征】工蜂体长 10 ～ 13 mm；头部呈三角形；唇基中央稍隆起，中央具三角形黄斑；上唇长方形，具黄斑；上颚顶端有 1 黄斑；触角柄节黄色；小盾片黄或棕或黑色；体黑色；足及腹部第 3 ～ 4 节背板红黄色，第 5 ～ 6 节背板色暗，各节背板端缘均具黑色环带。

【习　　性】具社会性，喜访各种开花植物。

【分　　布】广布全国各地。

293. 东亚无垫蜂 *Amegilla parhypate* Lieftinck

【形态特征】体长 11 ~ 13 mm；唇基黑斑大，内缘平行；胸部被浅黄杂有黑色的毛；腹部第 1 ~ 5 节背板端缘具金属绿毛带；各基节及腿节被浅黄色毛，胫节及跗节外侧毛灰黄色，内表面暗褐色，后足胫节的长毛白色，后基跗节被黑毛，基部有浅色毛。

【习　　性】独栖性，土中筑巢。

【分　　布】浙江、辽宁、甘肃、山东、江苏、四川、湖南、江西、福建。

294. 中国芦蜂 *Ceratina chinensis* Wu

【形态特征】头稍宽于胸，近方形；触角长达小盾片基缘；中胸背板基半部刻点密。体黑色，具黄斑纹。前胸背肩突、前足腿节外侧、中足腿节基部及后足腿节的小斑，均为黄色。体被稀而短的白毛；足被密的长毛。

【分　　布】浙江、四川、云南。

（五）切叶蜂科 Megachilidae

295. 切叶蜂 *Megachile* sp.

【形态特征】上颚4齿，第3齿间隙有切脊；触角第1鞭节短于第2鞭节；中足基跗节短于胫节，但几近等宽；后足节显著短于胫节；爪具基针突；腹部宽。

【习　　性】集群筑巢，利用石缝、小树洞或掘浅土洞，用大颚切叶片带回巢中用以包裹虫室，利用腹毛刷采集花粉制造蜂粮。

【分　　布】浙江。

（六）泥蜂科 Sphecidae

296. 泥蜂 *Ammophila* sp.

【形态特征】复眼内框直或稍弓形，下部内倾；雌虫触角窝与额唇基沟靠近，如果远离，则其间距与触角窝直径相等，雄虫的间距明显大于雌虫；口器很长，折叠时多数种类外颚叶端部伸到或超过胫节基部；并胸腹节背区被不同的饰纹或覆盖物。

【分　　布】浙江。

参考文献

白锦荣，2014. 广西螽斯科区系研究［D］. 保定：河北大学.

彩万志，李虎，2015. 中国昆虫图鉴［M］. 太原：山西科学技术出版社.

段文心，陈祥盛，2020. 中国5种常见宽广蜡蝉形态比较研究［J］. 四川动物，39（2）：204-
212.

冯玉增，刘小平，2010. 板栗病虫害诊治原色图谱［M］. 北京：科学技术文献出版社.

高文韬，孟庆繁，刘思，2005. 日本弓背蚁的生物学特性［J］. 中国森林病虫（4）：26-28.

何时新，2007. 中国常见蜻蜓图说［M］. 杭州：浙江大学出版社.

胡佳耀，2006. 中国四齿隐翅虫属分类研究（鞘翅目　隐翅虫科　毒隐翅虫亚科）［D］. 上海：
上海师范大学.

李娜，2008. 东北地区螽蟖总科昆虫分类学研究（直翅目：螽亚目）［D］. 东北师范大学.

刘宪伟，朱卫兵，戴莉，2017. 中国东南部地区的蟋蟀［M］. 郑州：河南科学技术出版社.

王恩，2015. 杭州园林植物病虫害图鉴［M］. 杭州：浙江科学技术出版社.

王连珍，夏兴宏，郎庆龙，2011. 栎长颈卷叶象的生物学特性［J］. 中国森林病虫，30（5）：
14-16，30.

王义平，童彩亮，2014. 浙江清凉峰昆虫［M］. 北京：中国林业出版社.

吴宏道，2012. 惠州蜻蜓［M］. 北京：中国林业出版社.

吴琦，1998. 冰清绢蝶（上）［J］. 大自然（3）：17-20.

吴琦，1998. 冰清绢蝶（下）［J］. 大自然（4）：19-23.

武春生，2001. 中国动物志　节肢动物门　昆虫纲　鳞翅目　凤蝶科　凤蝶亚科　裳凤蝶
族　曙凤蝶属［M］. 北京：科学出版社.

杨举，李东哲，2014. 昆虫图鉴［M］. 长春：吉林科学技术出版社.

杨星科，等，2018. 秦岭昆虫志［M］. 北京：世界图书出版公司.

印象初，夏凯龄，2003. 中国动物志：昆虫纲. 第三十二卷　直翅目　蝗总科　槌角蝗科　剑角
蝗科［M］. 科学出版社.

袁锋，张雅林，冯纪年，等，2005.昆虫分类学［M］.北京：中国农业出版社.

张龙，2019.中国百种蝗虫原色图鉴［M］.北京：中国农业大学出版社.

张巍巍，2014.昆虫家谱［M］.重庆：重庆大学出版社.

周文豹，1982.浙江异翅溪蟌属一新种（蜻蜓目 溪蟌科）［J］.昆虫分类学报（Z1）：65-66.

周尧，1994.中国蝶类志［M］.郑州：河南科学技术出版社.

朱笑愚，吴超，袁勤，2012.中国螳螂［M］.北京：西苑出版社.